川上文代 著
彭琬婷 譯

調好醬全配方

上好菜超簡單

序文

不再煩惱！
不再失敗！
從調醬到調味
最強美味祕訣！

感謝你拿起這本書。書中是我憑藉多年料理經驗，將各種決定料理味道的重點濃縮於此。除了豐富的萬用醬汁和醬料，也包含味覺的構成要素，烹調過程細緻的步驟和製作方法，不失敗的調味訣竅，包羅萬象應有盡有。

一般料理的基本鹽量是以食材重量的 1% 計算；湯品可以將鹽分減至 0.7%；沙拉醬則可以增加至 1.5%。只要記住基本的比例，就能在腦中掌握調味的大致概念，做出美味的料理。

在這本書中，我收錄了許多美味的醬料調配方式，不僅如此，也會仔細將調味之前、讓料理更美味的烹調技巧告訴大家。例如想要將食材煎得焦香，必須先將油加熱至稍微冒煙，再放入食材稍微靜置，不要移動食材直到上色。相反地，如果想要保持濕潤口感，可以將溫度調低，並蓋上蓋子，保持食材的水分不流失。

此外，使用的器具也很重要。像是炒青菜這種容易出水的食材，可以儘量用鍋鏟炒散，不要攪拌，以蒸發更多水分。

至於容易因表面張力產生誤差的測量器具，例如量杯或湯匙，可以改用磅秤，以「克」為單位來備料，減少在調配醬料時失手、影響整體比例的可能性。

這本書中有著豐富的調醬配方，也提供了不同料理的調味基本原則、多樣化的應用食譜，讓大家可以根據自己的喜好進行口味調整。從現在開始，你將再也不用為了調味而煩惱，能夠自信端出美味的料理！

希望這本書能成為你的廚房聖經，幫助你成為料理達人！

川上文代

CONTENTS

- 2 序文
- 8 本書特色
- 9 本書使用方式
- 10 掌握調醬味道的構成要素
- 16 味道取決於鹽分濃度
- 17 習慣了就很簡單！調味料用「克」量最準確
- 18 料理的美味基底——高湯
- 22 在調味之前決定味道關鍵的技巧
- 24 當味道不對時，如何善用補救技巧

part 1　使料理變化無窮！基本的萬用醬汁&醬料

〔日式〕萬用醬汁

- 28 日式基本醬汁：
  照燒雞／豬肉角煮
- 30 高湯醬油：
  高湯冷豆腐／花枝納豆秋葵
- 32 蔬菜高湯：
  柚香雞肉燥燉煮蘿蔔／青江菜浸煮豆腐
- 34 柑橘醬油：
  帆立貝佐柑橘醬油凍／什錦火鍋佐柑橘醬油
- 36 醋味噌：
  北寄貝九條蔥佐醋味噌／醋漬鮪魚海帶芽
- 38 三杯醋：
  四季豆番茄醋拌雞肉／章魚醋拌小黃瓜

〔西式〕萬用醬汁

- 40 白醬：
  焗烤牡蠣蛋／蟹肉奶油可樂餅／豬肉奶油燉菜
- 44 義大利番茄醬：
  茄腸番茄義大利麵／雞肉甜椒番茄燉菜
- 48 西式番茄醬：
  香煎米蘭豬排／燉煮漢堡排
- 50 焦香奶油醬：
  法式嫩煎魚排／焦香奶油蒸蔬菜
- 52 手作美乃滋：
  馬鈴薯沙拉／魔鬼蛋
- 54 芥末沙拉醬：
  蔬菜棒佐芥末沙拉／醃泡橄欖起司

〔中・韓・南洋風味〕萬用醬汁

- 56 糖醋醬：
  糖醋肉／蟹肉烘蛋／酸辣湯
- 60 芝麻醬：
  涼拌雞／芝麻醬拌涼麵
- 62 茄汁辣椒醬：
  乾燒蝦仁／雞肉芹菜辣椒醬炒蛋
- 64 麻辣醬：
  麻辣豆腐排／辣炒南瓜豬肉
- 66 萬能五香醬：
  油淋雞／清蒸魚
- 68 韓式辣椒醬：
  韓式拌飯／辣炒魷魚蘆筍
- 70 泰式魚露醬：
  越南生春卷／越南煎餅

【column1】
最多人喜愛的義大利麵醬料
46 ｜青醬／卡波納拉醬／白酒蛤蜊醬

【column2】
以發酵品&蔬菜製成！實用又百搭的美味調醬
72 ｜自製鹽麴：
鹽麴烤鮭魚／鹽麴煎豬肉
74 ｜醬油麴：
涼拌秋葵佐醬油麴／雞肉丸子
76 ｜香料番茄麴醬：
番茄豬肉片／簡易版歐姆蛋包飯
78 ｜鹽漬檸檬：
義式鯛魚涼拌冷盤／鹽漬檸檬燉雞
80 ｜醋漬洋蔥：
醋漬洋蔥納豆／洋蔥漢堡排
82 ｜鹽漬胡蘿蔔絲：
涼拌胡蘿蔔高麗菜／什穀蔬菜湯
84 ｜韓式醃小黃瓜：
沖繩風豆腐拌小黃瓜／酪梨起司小黃瓜
86 ｜發酵味噌醬：
溫泉蛋佐味噌醬／味噌拌生竹莢魚泥／甘麴

【column3】
88 ｜食品建議量速查表 ①

part 2 淋上去、拌一拌就美味！淋醬・蘸醬・醃醬

淋醬

92 ｜清蒸雞肉要淋什麼醬？
番茄酸豆醬／芝麻醬／核桃味噌醬／漬菜美乃滋醬／香菇魚露醬／香味韓式辣椒醬

94 ｜汆燙豬肉片要淋什麼醬？
韭菜醬／小黃瓜醋醬／蘋果醬／奶香番茄醬／泰式甜辣醬／蔥鹽芝麻醬

96 ｜炸豬排要淋什麼醬？
葡萄乾咖哩優格醬／蜂蜜芥末美乃滋醬／番茄西洋芹醬／梅子紫蘇醬／醋洋蔥甜麵醬／蘿蔔泥魚露醬

98 ｜義式涼拌冷盤要淋什麼醬？
塞比切檸檬醬／山葵醬油美乃滋／榨菜蔥油醬／甜椒油醋醬／香菜魚露醬／五香辣味醬

100 ｜鹽烤魚要淋什麼醬？
海苔醬油／牛蒡南蠻中華醬／毛豆番茄風味醬／西芹葉味噌醬／黑橄欖蒜醬／萊姆蘿蔔泥生薑醬

102 ｜歐姆蛋要淋什麼醬？
普羅旺斯燉菜辣醬／奶油蘑菇醬／泰式海鮮風味醬／菠菜咖哩醬

104 ｜涼拌豆腐要淋什麼醬？
醋拌納豆醬／小番茄柴魚醬／韓式芝麻葉醬／鹽漬魷魚醬／鹽漬檸檬橄欖醬／秋葵魚露醬

106 ｜烤油豆腐要淋什麼醬？
煙燻蘿蔔起司醬／東南亞風味噌醬／青辣椒醬／果香酸甜烤肉醬／蔥拌納豆甜麵醬／韭菜泡菜醬

蘸醬

- 108 烤肉要蘸什麼醬？
  蔥鹽麴醬／泰式麻辣醬／經典烤肉醬／蜂蜜檸檬醬／鹽味柑橘醬油／蘋果洋蔥醬
- 110 天婦羅要蘸什麼醬？
  芝麻醬油／抹茶鹽／苦瓜蘿蔔泥醬／魚露咖哩醬／芝麻葉番茄醬／榨菜甜麵醬

沙拉醬

- 112 生菜沙拉要淋什麼醬？
  胡蘿蔔沙拉醬／鹽漬魷魚沙拉醬／柚子胡椒泰式沙拉醬／韓式梅肉辣椒沙拉醬／明太子迷迭香沙拉醬／異國風薑味沙拉醬
- 114 溫沙拉要淋什麼醬汁？
  鯷魚沙拉醬／韓式松子沙拉醬／南蠻味噌小魚乾沙拉醬／黑芝麻沙拉醬／起司沙拉醬／鹽昆布花椒沙拉醬

調味醬汁

- 116 薑燒豬肉的調味醬汁，要用什麼？
  洋蔥薑魚露醬汁／生薑蘋果醬汁／生薑番茄醬汁／甜麵生薑醬汁

醃醬

- 118 唐揚炸雞的醃醬，該選什麼好？
  大蒜醬油醬汁／南洋咖哩醬汁／蠔油芝麻醬汁／韓式辣蜂蜜醬汁
- 120 烤魚的醃醬，適合什麼風味？
  南洋威士忌醬汁／柚子醬汁／中華八角醬汁／香草鹽醬汁
- 122 醃漬菜的醃醬，該選什麼好？
  昆布柚子醃料／南蠻風味醃醬／番茄乾檸檬醃料／南洋風味醃醬
- 124 醋漬蔬菜的醋漬液該用什麼？
  中式薑味醃漬液／梅乾昆布醃漬液／南洋醃漬液／香草醃漬液

醃漬汁

- 126 醃泡蔬菜時，該選什麼醃泡液？
  奇異果醃泡液／異國風葡萄柚醃泡液／櫻葉山葵醬油醃泡液／五香蠔油醃泡液

佐醬

- 128 嫩煎肉排要佐什麼醬汁？
  無花果紅酒醬汁／香草檸檬奶油／藍紋起司醬汁／和風蒜檸醬汁
- 130 嫩煎魚排要佐什麼醬汁？
  甜椒醬汁／海藻青蔥醬汁／洋蔥奶油醬汁／義大利香醋醬汁
- 132 香煎蔬菜的醬汁該選什麼好？
  孜然蠔油醬汁／香濃奶油醬汁／鯷魚奶油醬汁／奶油培根醬汁

【column4】
以醬料做預調理常備菜

- 134 麻辣味噌醬的常備菜！／回鍋肉
- 135 黑醋醬汁的常備菜！／黑醋炒牛肉
- 136 奶油醬的常備菜！／奶油燉鱈魚
- 137 中式燴醬的常備菜！／海鮮八寶菜
- 138 和風醬汁的常備菜！／雞肉筑前煮
- 139 優格咖哩醬汁的常備菜！／印度烤雞

【column5】

- 140 食品建議量速查表②

part 3　讓家常菜華麗變身！一道料理 X 多種基底醬

〔日式〕燉煮料理的調味

144 | 醬煮魚：
醬油基底醬／味噌基底醬／西式基底醬

146 | 馬鈴薯燉肉：
醬油基底醬／咖哩基底醬／味噌奶油基底醬

148 | 醬煮羊棲菜：
醬油基底醬／蠔油基底醬／鮮奶油基底醬

150 | 高湯浸煮菜：
醬油基底醬／八角基底醬／柚子胡椒基底醬

〔日式〕涼拌小菜的調味

152 | 芝麻醬拌菜：
經典芝麻基底醬／辣味基底醬／美乃滋基底醬

154 | 黃芥末醬拌菜：
黃芥末醬油基底醬／黃芥末味噌基底醬／黃芥末優格基底醬

156 | 醋漬涼拌菜：
醋漬基底醬／二杯醋基底醬／檸檬風味基底醬

158 | 高湯浸蔬菜：
醬油基底醬／蜂蜜基底醬／南蠻基底醬

〔西式〕燉菜湯品的調味

160 | 高麗菜捲：
甜椒基底醬／西式基底醬／醬油基底醬

162 | 肉醬：
番茄基底醬／味噌基底醬／咖哩基底醬

164 | 義式蔬菜湯：
西式雞湯基底／青醬基底／紅咖哩基底

〔西式〕米飯的調味

166 | 香料飯：
西式雞湯基底／肯瓊香料基底醬／番茄基底醬

〔中・韓・南洋風味〕熱炒料理的調味

168 | 麻婆豆腐：
豆瓣基底醬／鹽味基底醬／起司基底醬

170 | 蔬菜炒肉：
蠔油基底醬／味噌基底醬／咖哩基底醬

172 | 青椒肉絲：
蠔油基底醬／鹽味基底醬／綠咖哩基底醬

174 | 炒飯：
鹽味基底醬／漬菜醬油基底醬／醬味基底醬

〔中・韓・南洋風味〕涼拌菜的調味

176 | 韓式涼拌菜：
辣味基底醬／醋味基底醬／薑味基底醬

178 | 泰式涼拌海鮮冬粉：
檸檬基底醬／花生基底醬／山葵醬油基底醬

【column6】

炊飯的 6 種基底醬

180 | 醬油基底醬／南洋基底醬／鹽昆布基底醬／蠔油基底醬／韓式基底醬／酸梅基底醬

麵類的 6 種基底醬

182 | 關東風基底醬／關西風基底醬／味噌基底醬／番茄奶油基底醬／番茄基底醬／咖哩基底醬

火鍋的 12 種美味湯底

184 | 昆布醬油湯底／和風芝麻湯底／豆漿湯底／水炊雞湯湯底／番茄乾湯底／芝麻奶油味噌湯底

186 | 杏仁奶雞湯底／韓式辣湯底／牛雜鍋湯底／韓式辣味雞湯底／鮮奶油味噌湯底／昆布鹽味湯底

本書特色

日式・西式・中式・南洋風
各種美味料理的調醬祕訣都在書中！

書中介紹日式、西式、中式、南洋風等各種料理的豐富調醬，可以運用在日式料理中的烤魚、燉菜、拌菜等；或是西式料理的紅白醬汁、手作美乃滋、沙拉醬；中式料理的糖醋醬、芝麻醬；韓國料理的辣椒醬；南洋料理的魚露……一定能找到你喜歡、想要嘗試的配方！

part 1 使料理變化無窮！ 基本的萬用醬汁&醬料

基本醬汁&醬料的比例和做法

本單元介紹日式、西式、中式、韓式、南洋風味醬汁和醬料的基礎調配比例、分量以及製作方法。只要記住黃金比例，無論製作多少分量都能做得很好吃。

part 2 淋上去、拌一拌就美味！ 淋醬・蘸醬・醃醬

調味前的烹調祕訣
說明在調味之前，必須掌握的烹飪技巧，讓料理更加美味。

基本醬汁&醬料 的應用食譜
針對書中介紹的各種基本醬汁和醬料，提供相對應的料理示範和食譜。

這些料理也適用！
活用書中介紹的基本醬汁和醬料，設計多達486種菜色，讓料理更加豐富多元樣。

基本料理食譜
詳細介紹清蒸、汆燙、油炸等基本的烹調方法。掌握調味前的烹調祕訣也很重要。

8

從一種醬料或料理延伸更多可能，
讓做菜更輕鬆有趣的豐富變化！

本書收錄可以活用在各種料理的萬用醬汁和醬料，以及讓料理迅速變美味的淋醬、蘸醬、醃醬等調醬。不僅能夠快速調味，應用方式多元！這點，也是本書的魅力所在。書中的調味料比例一目了然，讓調醬變得更加有趣。

搭配料理的淋醬、蘸醬、沙拉醬和醃醬的變化

介紹各種料理適合的醬汁或醬料。分量以克、大匙和小匙表示，（ ）內的大匙、小匙為參考量。

part 3　讓家常菜華麗變身！
一道料理×多種基底醬料

料理名稱
家常料理的名稱，例如日式醬煮魚、馬鈴薯燉肉、肉醬義大利麵等。

不同口味的調配方式
介紹最多人想學的家常料理，以及 3 種不同口味變化。根據口味不同，使用的食材也會不一樣，可以客製化調整。

本書使用方式

- 材料基本為 2 人份。
- 計量單位為 1 大匙＝15 毫升、1 小匙＝5 毫升、1 杯＝200 毫升、米 1 杯＝180 毫升。
- 「少許」表示未滿 1/6 小匙，「適量」表示依照口味加入適當的量，「依喜好」則是依個人喜好決定是否添加。
- 蔬菜等食材若無特別註明，皆已完成去皮等前置處理。
- 火候若無特別註明，請以中火烹調。
- 微波爐以 600W 為基準。若使用 500W，請將加熱時間延長 1.2 倍。因機種不同，加熱時間可能有所差異，請一邊觀察狀況一邊調整。

- 烤爐使用的是嵌入式爐連烤。（依個人情況可改為家用上下火烤箱）
- 保存期限僅供參考。實際會因季節和保存狀態而異，因此請盡快食用完畢。
- 分量或容量請使用電子秤測量。
- 擦拭水分或多餘油脂時，請使用廚房紙巾。
- 食材分量參考，請參閱第 88、140 頁的速查表。
- 有關自製高湯，請參考第 18～21 頁。
- 檸檬皮、萊姆皮和柚子皮均使用沒有打蠟的產品。
- 醬油基本上使用濃口醬油。

掌握調醬的味道構成要素

在調醬之前
先學習基本知識
有助於更快上手

美味料理的關鍵就在於味道。首先，讓我們來了解一下味覺的基礎，包含了五種基本味道：甜味、鹹味、酸味、苦味和鮮味。澀味和辣味雖然也存在，但不屬於基本的味道。五種基本味道加上醇厚感、香氣、口感和顏色等要素，共同構成了「美味」。此外，了解不同味道混合後相輔相成或相互抑制的作用，也有助於我們做出更美味的料理。

5 種基本味道

甜味
糖、蜂蜜等

主要成分包括蔗糖、果糖、葡萄糖等，是維持生命很重要的能量來源。

鹹味
鹽、醬油、味噌等

主要成分為氯化鈉。人類會本能性地渴望鹹味，以維持體內礦物質地平衡。

酸味
檸檬、醋等

主要成分包括檸檬酸、醋酸、蘋果酸、乳酸等，可以刺激食慾，並抑制微生物的繁殖。

苦味
咖啡、苦瓜等

主要成分包括咖啡因、檸檬苷等。苦味是一種用於放鬆、增進食慾和刺激的味道。

鮮味
昆布、柴魚片、香菇、番茄等

作為五種基本味道之一，昆布的麩胺酸、柴魚片的肌苷酸、乾香菇的鳥苷酸等都是鮮味的主要來源，能讓美味的餘韻留在口中。

+

層次

香氣

口感

等等

調味的 4 大關鍵效果

相乘效果
將同系統的味道
組合兩種以上來強調

例如，將昆布的麩胺酸和柴魚片的肌苷酸組合起來，創造出雙倍的鮮味。也就是說，結合兩種以上的鮮味，讓味道更加突出。

對比效果
透過組合不同味道
來彰顯其中一方

例如，在西瓜上撒鹽，鹹味與甜味的對比，會使甜味更加明顯。此外，在日式高湯中加入鹽，鹹味與鮮味的結合能讓鮮味更突出。

抑制效果
將不同的味道組合
弱化其中一方的味道

例如咖啡加糖，甜味＋苦味會使苦味降低。同樣地，酸味＋甜味能減弱酸味，鹹味＋酸味則會削弱鹹味。

變調效果
品嚐強烈的味道後
味覺會發生改變

例如，在品嚐過鹹、過酸或過苦的食物後，喝水會覺得變甜。連續吃不同的味道，會改變我們對原本味道的感受。

日式的基本調味料

重視季節感和食材原味的日式料理，調味料的平衡非常重要。讓我們來了解和食的基本調味重點吧！

日式調味的基本是「さしすせそ（sa shi su se so）」

「さしすせそ」是日本料理的調味口訣，分別代表砂糖、鹽、醋、醬油、味噌。日本人在製作燉菜時會依照這個順序調味。因為鹽的分子比砂糖小，滲透壓較高；醋具有酸味；醬油和味噌長時間加熱會喪失風味。除此之外，也會使用日式高湯、味醂、薄鹽醬油，以及芝麻、香油等增添風味。

A. 砂糖
除了用於調出甜味之外，還有使食材軟化、增加光澤、加熱後產生漂亮焦糖色和香氣等作用。

B. 鹽
除了增加鹹味之外，還能緩和酸味，去除食材多餘的水分。由於能延長保存期限，也常用於製作發酵食品。

C. 醋
除了增加酸味、緩和鹹味，還具有殺菌和促進上色的作用。加熱後酸味容易揮發，因此有些料理會在最後階段才加入醋。

D. 濃口醬油
由大豆、小麥、鹽發酵熟成而製，是日式料理不可或缺的調味料。具有鹹味、鮮味、甜味、酸味和醇厚的口感，可用於調味或增添料理的色澤。

E. 味噌
將加熱過的大豆或米、麥等，加入鹽和麴發酵而成的調味料。除了鹹味、鮮味，還有熟成後的香氣。

F. 日式高湯
日式料理的美味關鍵在於「日式高湯」。盡量避免用市售高湯罐頭，以柴魚片和昆布熬煮的「第一次高湯」為主。

G. 薄鹽醬油
與濃口醬油相比，薄鹽醬油的風味和顏色較淡，但鹽分較高，因此常於製作淡色燉菜或湯品時使用。

H. 味醂
由糯米、米麴和燒酒製成的酒醪釀造出的發酵酒。由於含有酒精，因此容易入味，可用於去腥和增添光澤。

I. 芝麻油
散發著高雅的芝麻香氣，也常用於日式料理調味。芝麻油可分為未經烘焙的透明芝麻油，以及經過烘焙的純正芝麻油這兩種。

J. 芝麻
在日式料理中的芝麻通常會經過炒焙。芝麻有粉狀、以及糊狀芝麻醬等種類，可增添濃郁的風味和香氣。

西式的基本調味料

西式料理在烹調時，需要考慮配菜、醬汁和主菜的風味，讓這些元素在搭配時達到恰到好處的平衡。

西式調味的基本是「鹽‧胡椒」

西式料理經常使用大量的奶油等油脂，以增添濃郁的風味和香氣。而鹽和胡椒則是西式料理調味的基本。以鹽和胡椒為基礎，再加入香料、香草、醋、西式雞高湯和油脂，就能製作出各種不同的醬汁。鹽和胡椒各有不同的風味，應根據料理來選擇合適的種類。在製作醬汁時，為了避免顆粒過於明顯，建議使用研磨白胡椒粉。

A. 精製鹽
通過離子交換膜處理海水，使其結晶化並乾燥製成的加工鹽。質地細膩，易溶解於液體中，適合在料理的最後步驟加入。

B. 天然鹽
如粗鹽、日曬鹽、海藻鹽等，透過煮沸海水製成的天然鹽。顆粒較大，含有豐富的礦物質。適合用於烹煮青菜或麵條，以及醃漬肉類、魚類時使用。

E. 西式雞高湯
作為湯底的西式雞高湯，以肉類、魚類和辛香料一起長時間熬煮而成，因為多數情況下用量少，所以使用市售產品即可。

F. 酒醋
將葡萄酒進行醋酸發酵後精緻製成的醋。紅酒醋適合風味濃郁的肉類料理，白酒醋則適合魚類或蔬菜料理。

C. 白胡椒
將成熟的胡椒果實去除外皮後乾燥製成的調味料。與黑胡椒相比，辣味較為溫和，適合用於不想加重顏色的醬汁中。整顆的白胡椒需要研磨後使用。

D. 黑胡椒
將未成熟的胡椒果實乾燥製成的調味料。與肉類相得益彰，具有強烈的辛辣味和清爽香氣等特徵。整顆的黑胡椒需要研磨後再使用。

G. 油脂
在本書中多半指奶油或橄欖油。奶油在溫熱的醬汁中融化會變得柔和，焦化後再混合則會產生香氣。選用新鮮的特級初榨橄欖油更適合用於做醬汁。

H. 香草
除了為料理增添清新的香氣，還能充分提升肉類和魚類的鮮味。種類繁多，可選擇使用新鮮或乾燥的香草。

I. 香料
香料為料理增添深度和香氣，具有去除食材腥味、殺菌、增加辣味、增色等多種作用。

中式的基本調味料

以大火快炒為主的中式料理，大多先將調味料混合均勻後再使用。在食材都煮熟後，將混合好的調味料一次加入，是完成料理的關鍵。

中式調味的基本是「香氣・油・熱」

中式料理最重要的就是「香氣」。為了使香氣釋放出來，「油」和「熱」是不可或缺的。訣竅在於要先挑選作為味道基礎的油，並將平底鍋充分加熱，等到油熱了再開始烹調。至於調味，以糖、鹽、醋、醬油、芝麻油、胡椒為基本，依菜色再加入甜麵醬、豆瓣醬的風味，或是芝麻醬的醇厚口感和香氣，最後搭配蔥、生薑、蒜等辛香料，就能做出豐富的味覺和嗅覺饗宴。

A.糖
用於增加中式料理的甜味和層次，通常會使用細膩的白砂糖。

B.鹽
中式的基本調味料，包含海鹽等各種鹽。如果一開始就加，食材的水分會流失，所以最後再加即可。

C.醋
中式料理也經常使用醋。不論是料理調味，還是水餃醬汁，都一定會使用醋。有時也會使用香氣濃郁、富有層次的黑醋或香醋。

D.醬油
增添中式料理不可或缺的香氣、層次和鮮味。與日本醬油不同，中式醬油顏色較黑，具有濃稠的質地和醇厚的風味。

E.芝麻油
香氣濃厚，適合用於想要突顯麻油香氣的料理。如果希望以蔥、生薑的香氣為主，則建議使用沙拉油。

F.胡椒
中式料理經常使用黑胡椒粉。當想要加入些許辛辣感或清爽的香氣時，非常推薦使用黑胡椒。

G.芝麻醬
中式料理的芝麻醬是用白芝麻研磨而成。經常用於蘸醬或擔擔麵等料理中增加濃郁風味。

H.蔥
蔥的香氣和辛辣成分，過油加熱後會更加釋放。事先做好蔥油，淋在料理上，可以提升美味。

I.甜麵醬
「甜」是甜味，「麵」是麵粉，「醬」是發酵調味料。這是一種紅褐色，具有獨特的風味和甜味的醬料，常用於回鍋肉等料理中。

J.生薑
含有辛辣成分的薑辣素和精油成分的桉葉油醇，加熱後會散發出迷人的香氣，也常用於去除肉類、魚腥味。

K.豆瓣醬
四川料理不可或缺的調味料！以蠶豆、大豆、芝麻油、鹽漬辣椒等發酵而成，帶有辣味和鹹味。

L.大蒜
以刺激食慾的香氣和辛辣味為特色。能為料理增添濃郁風味，是中式料理不可或缺的辛香料。

南洋風的基本調味料

想做南洋風味料理，首先要準備好調味料。趁此機會，讓我們來挑戰看看吧！

南洋調味的基本是「辣・甜・酸」

代表性醬料是以魚露、砂糖和醋為基底，搭配辣椒和香料的辣味、大蒜的香氣，以及檸檬或萊姆的酸味。此外，還會加入羅勒、香菜、薄荷、香茅等香氣濃郁的新鮮香草，增添南洋料理特有的獨特魅力。

A.大蒜
生吃的話，特有的香氣和辛辣味很強烈，但加熱後會變得溫和。訣竅是使用小火慢慢釋放香氣。

B.檸檬・萊姆
水果的酸味是南洋料理不可或缺的元素。提供清新的酸味，並具有襯托鹹味和甜味的功效。

C.辣椒
在南洋料理中，經常使用新鮮的紅辣椒和青辣椒。除了增添辣度，也可以做成醋漬的調味佐料使用。

D.糖
砂糖是南洋料理很重要的調味料。在辛辣的料理中加入砂糖，可以緩和辣味，並增添料理的層次。

E.醋
釀造醋是南洋料理的重要酸味來源，除了有調整鹹味和甜味的作用之外，還能增添清爽的風味。

F.魚露
將小魚乾以鹽醃漬、發酵、熟成後製成的魚露，具有濃縮的鮮味，帶有鹹味，類似醬油的調味料。

G.羅勒
被稱為「香草之王」的紫蘇科香草。它具有清爽的香氣，經常被大量用於調味。

H.香菜
南洋料理的代表辛香料，具有獨特強烈香氣的芹菜科植物。清新的香氣和清涼感可以襯托辛辣料理的風味，從葉子到根部都可以食用。

味道取決於鹽分濃度

「美味」的感覺，往往被認為是個人感官的差異。但其實，鹽分濃度對美味程度的影響至關重要。人體體液的鹽分濃度為 0.9%，而一般人覺得美味的鹽分濃度，大約是略高於體液濃度的 1%。肉類或魚類的煎烤料理為 1%，味噌湯或濃湯為 0.7%，醃製食品為 1.5%，下酒菜為 1.2%，雖然會因食材或烹飪方式有所不同，但美味的鹽分濃度大約落在 0.7%～1.2%之間。因此，調味料中的鹽分含量就變得非常重要，不妨參考第 17 頁的表格進行烹飪。

鹽 1 克（1/5 小匙） = 醬油 6 克（1 小匙）
味噌 9 克（1/2 大匙）
伍斯特醬 12 克（2 小匙）

每 1 克鹽，換算成醬油、味噌、伍斯特醬時的重量都不一樣。由於各調味料的重量不同，因此在計算時必須將容量換算成重量，以及掌握大匙和小匙的鹽分含量。

―――― 令人感到美味的鹽分濃度 ――――
肉類・魚類…1%　　　醃製食品…1.5%
味噌湯・湯類…0.7%　下酒菜…1.2%

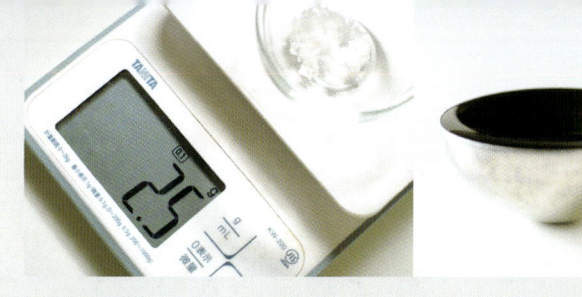

習慣了就很簡單！
調味料用「克」量最準確

調味料的分量標示大多使用大匙、小匙，但為了更準確調味，正確的計量非常重要。像麵粉等粉類食材，先用量匙盛滿後將表面抹平，才是確實的用量；測量醬油等液體時，也要將量匙保持水平，倒滿至表面微微隆起。最推薦的是能測量到 0.1 克的電子秤。將容器放上去，先將數值歸零，再測量調味料的重量。推薦大家試看看！

調味料的重量與鹽分含量

調味料名稱	匙・杯	重量	鹽分含量
精製鹽	1 大匙	18 克	17.9 克
	1 小匙	6 克	6.0 克
天然鹽	1 大匙	15 克	14.6 克
	1 小匙	5 克	4.9 克
濃口醬油	1 大匙	18 克	2.6 克
	1 小匙	6 克	0.9 克
薄鹽醬油	1 大匙	18 克	2.9 克
	1 小匙	6 克	1.0 克
魚露	1 大匙	18 克	4.4 克
	1 小匙	6 克	1.4 克
淡色辛口味噌	1 大匙	18 克	2.2 克
	1 小匙	6 克	0.7 克
紅色辣味噌	1 大匙	18 克	2.3 克
	1 小匙	6 克	0.8 克
韓式辣椒醬	1 大匙	21 克	1.5 克
	1 小匙	7 克	0.5 克
豆瓣醬	1 大匙	21 克	3.7 克
	1 小匙	7 克	1.2 克
甜麵醬	1 大匙	21 克	1.5 克
	1 小匙	7 克	0.5 克
壽司醋	1 大匙	18 克	1.2 克
	1 小匙	6 克	0.4 克
蠔油	1 大匙	18 克	2.1 克
	1 小匙	6 克	0.7 克
大阪燒醬	1 大匙	21 克	1.0 克
	1 小匙	7 克	0.3 克
伍斯特醬	1 大匙	18 克	1.5 克
	1 小匙	6 克	0.5 克
中濃醬	1 大匙	21 克	1.2 克
	1 小匙	7 克	0.4 克

調味料名稱	匙・杯	重量	鹽分含量
日式豬排醬	1 大匙	18 克	1.0 克
	1 小匙	6 克	0.3 克
番茄醬	1 大匙	18 克	0.6 克
	1 小匙	6 克	0.2 克
麵味露（原味）	1 大匙	21 克	0.6 克
	1 小匙	7 克	0.2 克
麵味露（3 倍稀釋）	1 大匙	18 克	2.1 克
	1 小匙	6 克	0.7 克
柚子醋醬	1 大匙	18 克	1.4 克
	1 小匙	6 克	0.5 克
料理酒	1 大匙	15 克	0.3 克
	1 小匙	5 克	0.1 克
美乃滋	1 大匙	12 克	0.2 克
	1 小匙	4 克	0.1 克
烤肉醬	1 大匙	18 克	1.5 克
	1 小匙	6 克	0.5 克
芝麻醬	1 大匙	18 克	0.8 克
	1 小匙	6 克	0.3 克
奶油（有鹽）	1 大匙	12 克	0.2 克
	1 小匙	4 克	0.1 克
日式高湯（顆粒）	1 大匙	9 克	3.7 克
	1 小匙	4 克	1.6 克
中式高湯（顆粒）	1 大匙	9 克	4.3 克
	1 小匙	3 克	1.4 克
固體高湯塊	大 1 個	5.3 克	2.3 克
	小 1 個	4 克	1.7 克
芥末籽醬	1 大匙	15 克	0.6 克
	1 小匙	5 克	0.2 克
黃芥末醬	1 小匙	5 克	0.4 克
山葵醬	1 小匙	5 克	0.3 克

＊摘自《烹飪基礎大全》（女子營養大學出版部）
＊根據產品，重量和鹽分含量可能有所不同。

料理的美味基底
——高湯

高湯是料理味道的基礎，因此正確的做法非常重要。在日本料理中，高湯著重在透過柴魚片、昆布、小魚乾等食材萃取出鮮味，進一步調味而成。相較於西式雞湯或中式雞湯需要長時間熬煮，日式高湯可以在短時間內完成。因為製作方法很簡單，所以更要把握烹煮的重點，然後，感受真正的美味。

關於日式高湯

高湯是日本料理的關鍵味道來源。要做出美味的日式高湯，必須將乾物充分泡發，不要事先泡好備用，每次需要時再取出現泡。

柴魚片
將切好的鰹魚煮熟後，再燻製乾燥製成。柴魚片美味的祕密在於其鮮味成分肌苷酸。熬製日式高湯時使用的是削薄的柴魚片。

昆布
肉質厚而乾燥，表面有白色粉末的昆布是上等品。羅臼昆布、真昆布、利尻昆布、日高昆布都適合用來熬煮日式高湯。昆布的鮮味主要成分是麩胺酸。

乾香菇
將香菇乾燥後，會大量產生鮮味成分鳥苷酸，與含有麩胺酸的昆布一起熬煮日式高湯具有相乘的效果，能夠提升鮮味。

小魚乾
將沙丁魚等魚類煮熟曬乾而成的小魚乾，是味噌湯中不可或缺的乾貨。其鮮味成分和柴魚片相同，都是肌苷酸。去除頭部和內臟等事前處理非常重要。

第一次高湯的熟煮方法
（850毫升分量）

用昆布和柴魚片製作的第一次高湯，味道清爽。非常適合用於清湯或澆汁。昆布在使用前，不要忘記用布輕輕擦拭表面，去除灰塵。

1 將昆布（5×10公分）1片放入鍋中，加入1公升水，浸泡約3小時。然後用中小火加熱。

2 當昆布的周圍開始出現泡泡時，將昆布取出，立即加入15克柴魚片。

3 沸騰後轉小火，撈除表面浮沫。

4 將火關掉，靜待約5分鐘，直到浮在上面的柴魚片沉下。

5 將廚房紙巾鋪在濾網上，慢慢地過濾。

6 完成！

第二次高湯的做法（850毫升分量）	將第一次高湯的殘渣加入水（1公升）和柴魚片（10克），開火煮沸後撈除浮沫。轉小火煮約10分鐘，然後用紙巾鋪在濾網上過濾。
昆布高湯的做法（熬煮出900毫升分量）	將昆布（30克）和水（1公升）放入鍋中，浸泡約3小時（完成的分量為950毫升）。以小火煮約10分鐘後取出昆布。
乾香菇高湯的做法（800毫升分量）	時間充裕的話，將乾香菇（30克）正反兩面各曬太陽1小時。輕輕洗淨去除髒汙後，將乾香菇放入碗中，加入1公升水泡開。使用保鮮膜密封，防止乾香菇浮起，靜置3小時。取出香菇，將香菇水放入冰箱冷藏半天至1天之後，使用上層清澈的部分（如果要在料理中使用香菇，可將浸泡的水與香菇一起放入鍋中，煮10分鐘左右）。
小魚乾高湯的做法（熬煮出850毫升分量）	將小魚乾（30克）的頭部和內臟去除，如果體積較大，則切成兩半。與水（1公升）一起放入鍋中，浸泡3小時（完成的分量為900毫升）。開火煮滾去除浮沫，再以小火煮約10分鐘，然後用紙巾鋪在濾網上過濾。

市售日式高湯的使用方法

如果沒有時間自己做日式高湯時，也可以使用市售產品。如果想讓味道更鮮美，可以加入蔬菜皮或香菇梗，大大提升鮮味。

關於西式雞高湯

西式雞高湯中最常見的是用於基底的雞湯。將辛香料和雞骨一起長時間燉煮,可以品嚐到深層的美味。但是,也可以使用市售的固體或顆粒的西式雞高湯替代。

雞骨‧雞腿肉
雞骨是指去除雞肉後剩下的骨頭,包括脊椎、肋骨到尾骨等部分,用於熬湯。骨頭會釋放出鮮味。通常使用整隻雞來熬湯,但加入雞腿肉可以讓湯頭更加濃郁鮮美。

洋蔥
在西式的湯品或燉菜中,經常使用辛香料來增添鮮味和香氣。經過長時間熬煮,會釋放出甜味並增添風味。

胡蘿蔔
在西式燉菜或湯品中使用的根莖蔬菜。連皮一起燉煮,可以帶出胡蘿蔔的香氣和自然的甜味。

西洋芹
具有去除肉類和海鮮類腥味的辛香料。其獨特的強烈香氣,也是製作西式湯品時不可或缺的。

百里香(新鮮)
具有溫和與清涼感香氣的香草。常用於製作法國料理的燉菜、西式雞高湯及西式菜餚的點綴。

月桂葉
具有去除肉類腥味功效的月桂樹葉。帶有淡淡甜味和清涼感的香氣,可增添清爽的風味。

西式雞高湯的熬煮方法(1公升分量)

1. 洗淨4隻雞的雞骨,如果有內臟要取出。在鍋中加入2公升水和雞腿肉(250克),用大火煮沸。
2. 撈除浮沫,輕輕翻轉雞骨,將底部積聚的浮沫也撈除,然後轉小火。
3. 將洋蔥(1/2顆)、胡蘿蔔(切塊/150克)、西洋芹(50克)、百里香(1枝)、月桂葉(1片)加入鍋中,保持輕微沸騰狀態,一邊撈除浮沫。持續燉煮約2小時。
4. 在濾網上鋪廚房紙巾,將高湯過濾。

＊本書使用的西式高湯為西式雞高湯。如果使用市售高湯粉,會特別標註。

市售西式雞高湯也能做出正宗口味
如果你沒有時間自行燉煮,也可以使用市售的雞湯塊。使用市售雞湯塊時,可以加入芹菜葉、洋蔥、胡蘿蔔皮、高麗菜外層葉等一起燉煮,增加雞湯的香氣。

關於中式・南洋高湯

中式料理和南洋料理的湯頭，通常以雞骨湯為主。不僅用於湯品，也用作燉菜或炒菜的基底。將雞骨確實清洗後與各種辛香料一起燉煮，就能去除腥味，煮出鮮美的湯頭。

雞骨・雞腿肉

雞骨是指去除雞肉後剩下的骨頭，包括脊椎、肋骨到尾骨等部分，用於熬湯。骨頭會釋放出鮮味。通常使用整隻雞來熬湯，但加入雞腿肉可以讓湯頭更加濃郁鮮美。

蔥

蔥具有去除腥味和增添湯頭風味的效果。可用於肉類的燉煮、蒸煮料理。此處使用的是大蔥，若無可用青蔥取代。

生薑

由於香氣成分多集中在薑皮附近，因此建議連皮一起切成薄片使用。可以去除腥味，並增添香氣，提升風味。

雞高湯的熬煮方法（1公升分量）

1. 洗淨 4 隻雞的雞骨，如果有內臟的話要取出。在鍋中加入 2 公升水和雞腿肉（250 克），開大火煮沸後將浮沫撈除，將火轉小。
2. 將蔥（蔥綠部分/2 根）、生薑（約 1 指節長段，連皮切成薄片）一起加入鍋中，一邊撈除浮沫，持續燉煮約 2 小時。
3. 在濾網上鋪廚房紙巾，將高湯過濾。

＊如果使用市售高湯粉，會特別標註。

市售中式湯塊和雞湯塊的差異

中式湯塊是一種萬用調味料，含有豬肉、雞肉、蔬菜精華和油脂。雞湯塊則是使用雞肉精華作為鮮味成分的雞高湯。由於鹽分含量不同，調味時要斟酌留意。

在調味之前
決定味道
關鍵的技巧

只加入調味料
做不出美味料理

說到調味,你是否認為只要隨意加入調味料就可以了?當然,這樣也能完成料理,但卻無法做出真正好吃的味道。最常見的失敗原因,其實在於調味之前的食材處理方式。例如肉類和魚類需要去除水分、腥味和雜質,做好預處理;高湯要仔細熬煮出風味;辛香料必須先用油充分炒出香氣。這些對應不同料理的烹調小技巧非常重要。此外,在調味時加入調味料的順序也會影響香氣,才能夠製作出更美味的料理。

日式料理

細心處理食材、做出美味日式高湯、少量多次調味、用醬油增添香氣

- 使用新鮮的食材。
- 魚類需先撒鹽去除多餘水分和腥味，做好汆燙去除浮沫等預處理。
- 製作漢堡排等絞肉料理時，要將口感做成可以輕易用筷子切斷的程度。
- 燒烤類料理，需切好再上桌。
- 確實熬煮日式高湯。
- 調味時勿一次加入所有調味料，邊試味道邊微調至理想風味。
- 燉煮類料理，可於最後步驟加入醬油增添香氣。

西式料理

使用辛香料調味、食材做好預處理、掌握烹調的技巧

- 烹調前要將肉類或魚類的水分擦乾。
- 炒香調味的辛香料，多加一些奶油增添濃郁度。
- 使用香草或香料去除食材腥味，增添風味。
- 烹煮肉類或魚類時，皮要逼出油脂煎至酥脆、肉或魚身則用小火慢煎，保持軟嫩多汁。

中式料理

做好萬全的前置作業、炒香辛香料、以圓圈繞鍋的方式加入調味料

- 食材、調味料先備好，太白粉水也事先混合好。在開始烹飪之前做好充分的準備。
- 使用鐵製炒鍋時，要充分預熱並均勻塗油。使用不沾平底鍋時，請避免空燒，容易造成塗層損壞。
- 蔥、大蒜、生薑等辛香料要以中小火慢慢加熱，才能充分釋放出香氣。
- 為了避免味道不均，加調味料時要以繞圈方式倒入。最後，用芝麻油增添香氣和醇厚感。

韓式・南洋料理

用芝麻油炒香辛香料、南洋料理需要熟悉調味料的特性

- 韓國料理使用的紅辣椒，與鷹爪辣椒等其他品種不同，除了辛辣之外還帶有溫和的風味，因此建議做韓國料理時使用韓國辣椒。
- 蔥、蒜、生薑等辛香料，用芝麻油炒過之後，風味更佳。
- 泰國和越南的魚露，在風味和鹹度上有些差異，因此在製作南洋料理時，要先了解不同調味料的特性。

當味道不對時，如何善用補救技巧

有時候怎麼做，都覺得料理的味道不太好⋯⋯
這時候，可以嘗試以下技巧，能夠讓料理變得更加美味！

> 燉煮料理的水很多、味道很淡⋯⋯

蔬菜確實炒過，揮發出多餘水分

從辛香料開始，先慢慢炒出香氣。炒蔬菜時加入鹽，藉由滲透壓的原理，蔬菜會更快變軟，水分也容易揮發。將蔬菜的鮮味緊緊濃縮後再燉煮，這樣料理就不會變得很淡。可以加入帶骨的肉類或魚類，增添更多鮮味。繼續煮至湯汁減少，水分收乾，鮮味更加濃郁。結合肌苷酸、谷氨酸和琥珀酸等鮮味成分（見P18）也是讓料理更美味的訣竅。

> 如果味道太鹹，該怎麼挽救？

加少許醋，讓味道變得溫和

鹽分可以添加，但無法去除。因此，建議先用較少的鹽調味，食用前再添加鹽分調整味道，這是一個重要的訣竅。但如果已經下手太重，導致料理太鹹，則可以透過增加食材，或添加醋、蜂蜜、優格、無鹽奶油等進行調整，或者搭配米飯、義大利麵、肉類、魚類或蔬菜食用來中和鹹味。

> 咖哩太辣，還有得救嗎？

增添香蕉或蜂蜜，以甜味緩和辣度

如果加入太多香料或咖哩粉，導致咖哩變得太辣，可以添加能夠抑制辣度的食材來緩和。例如香蕉或蘋果等水果、椰奶、果醬、蜂蜜等甜味食材，或是鮮奶油、奶油、牛奶等乳製品，抑或是牛奶巧克力、杏仁奶、堅果、胡蘿蔔泥，都能夠有效降低辣度。

> 煮好的料理味道好像不太夠⋯⋯

透過燉煮至濃稠、添加鮮味食材來補強味道

可以加入舞菇、鴻禧菇、昆布、柴魚片、泡香菇水，或將胡蘿蔔、牛蒡削下來的皮放入網袋或高湯包中一起煮。此外，添加蝦乾或乾干貝等鮮味成分也是不錯的選擇。美味不僅是透過嘴巴，鼻子也感受得到，所以香氣很重要。加入具有香氣的食材，或是與蔥、生薑等辛香料一起燉煮，也有助於增添香氣層次。

part 1

使料理變化無窮！
基本的
萬用醬汁&醬料

在前面我們已經先了解
日、西、中、韓、南洋料理的基本調味。
現在，只要按照比例和分量調出醬料，
就可以用同樣的方式做出各種美味料理！

記住基本醬汁的黃金比例和醬料的用量

在這一章中，我們將介紹基本的日式醬汁黃金比例，以及西式、中式、韓式、南洋醬料的調味方法。只要按照這個比例，就可以變化出許多料理。例如，只要記住日式基本醬汁的黃金比例，就可以做出照燒雞和豬肉角煮，應用於更多不同的料理中。

至於醬料，只要記住材料和分量，隨時都能做出美味的一餐。而且，還能使用這些醬料製作出各式各樣不同的料理。一起透過「基本醬料的方式，拓展你的菜色變化吧！

例如
日式基本醬汁　　1 : 1 : 1　　記住之後…
　　　　　　　醬油　料理酒　味醂

直接加入 → 照燒雞（P28）

加入高湯、砂糖 → 豬肉角煮（P28）

這些料理也適用！

- 直接醃製！ → 日式幽庵燒的魚類醃料
- 加入生薑！ → 龍田揚炸雞的雞肉醃料
- 直接加入！ → 苦瓜炒蛋的調味醬汁
- 加入砂糖！ → 壽喜燒的基底高湯
- 直接加入！ → 辣炒蓮藕櫻花蝦的調味醬汁

更換食材
也能帶來不同的樂趣！

日式基本醬汁

只要掌握了這個基本比例，就能做出日式料理的味道。從燉菜、炒菜到煎烤料理都能廣泛使用。

1
醬油 100 毫升

1
料理酒 100 毫升

1
味醂 100 毫升

完成量：300 毫升

冷藏保存 1 個月

製作方法
將所有調味料混合均勻。

鹹甜醬汁緊緊包裹著食材，非常美味！

照燒雞

材料（2 人份）
雞腿肉……1 塊（400 克）
麵粉……1 大匙
山藥（切成 0.8 公分寬圓片）……80 克
糯米椒（用刀尖在幾處刺孔）……2 根
日式基本醬汁（如左）……6 大匙
沙拉油……2 小匙

調味前的烹調祕訣
為了避免醬汁過於油膩，要將雞肉釋出的油脂徹底去除。

製作方法

1. 將雞肉的軟骨去除，並斷筋。在雞皮上用刀尖輕刺約 10 下，然後兩面撒上麵粉。
2. 將沙拉油倒入平底鍋中，以中火加熱。將山藥和糯米椒排列在鍋中，煎熟後依序取出備用。
3. 將 2 的平底鍋以中火加熱，雞皮面朝下放入。輕輕壓住雞肉 7～8 分鐘煎至上色，然後翻面再煎約 5 分鐘。用廚房紙巾擦拭鍋中多餘的油脂。
4. 雞肉熟透後，取出切成 6 等分，糯米椒每根切成 3 等分。
5. 將 4 的材料和山藥放回鍋中，以中大火加熱，加入日式基本醬汁拌炒均勻。
6. 將料理盛盤，再將平底鍋中剩餘的醬汁淋上即可。

肉質軟嫩到入口即化！

豬肉角煮

材料（2 人份）
豬五花肉塊……500 克
青蔥（蔥綠部分）……1 根
生薑（切厚片）……2 片
日式基本醬汁（如左）……5 大匙
A │ 砂糖……1 大匙
  │ 第二次高湯……400 毫升
沙拉油……1/2 小匙
水菜（鹽水汆燙）……適量
蔥白絲……適量
黃芥末醬……適量

調味前的烹調祕訣
用竹籤刺入豬肉中心，如果能順利拔出，就是理想的煮熟程度。醬汁更容易入味。

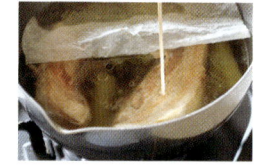

製作方法

1. 在平底鍋中倒入沙拉油，以大火熱鍋，放入豬肉，所有面煎至呈現金黃色後取出。
2. 在鍋中放入 1、蔥、生薑，加入足夠覆蓋豬肉的水（分量外），開火加熱，煮沸後轉小火，撈除浮沫，煮約 90 分鐘。
3. 用竹籤刺入豬肉，如果竹籤可以輕鬆穿透，就將豬肉取出切成 5 公分大小的塊狀。
4. 在鍋中放入 3、日式基本醬汁和 A，蓋上落蓋和鍋蓋，用小火煮約 30 分鐘，讓肉充分入味。
5. 嚐嚐看味道，如果太淡再繼續煮至濃稠。將豬肉盛入碗中，淋上茭汁，再放上水菜和蔥白絲，最後添上黃芥末醬即可。

這些料理也適用！

日式幽庵燒
將土魠魚或鮭魚等魚片放入盤中，加入日式基本醬汁醃漬約30分鐘，然後輕輕擦乾水分。將魚片放入烤箱裡，以中火烤約6分鐘，最後擠入酸橘等柑橘類果汁享用。
魚（切片）2 片＝醬汁 3 大匙

龍田揚炸雞
在碗中放入雞腿肉（切塊）、生薑（磨碎）和日式基本醬汁，醃漬約 30 分鐘。均勻裹上太白粉，放入 170°C 的油中炸約 5 分鐘後取出，再將油溫升至 200°C 進行二次油炸。
雞腿肉 300 克＝醬汁 3 大匙

苦瓜炒蛋
將苦瓜（切成半月形）撒鹽，浸泡在水中約 10 分鐘。在平底鍋中放入沙拉油後熱鍋，放入豬絞肉和板豆腐（切小塊），煎至金黃色後翻面拌炒。加入日式基本醬汁拌勻，倒入打散的雞蛋攪拌均勻後撒上柴魚片。
2 人份＝醬汁 3 大匙

壽喜燒
在鍋中加熱奶油，鋪上部分牛肉，煎至香氣四溢後，加入日式基本醬汁、砂糖、白菜、大蔥、香菇、蒟蒻絲、烤豆腐，蓋上鍋蓋燉煮熟後，再加入剩餘牛肉和山茼蒿，沾生雞蛋享用。
2 人份＝醬汁 5 大匙

辣炒蓮藕櫻花蝦
將蓮藕（切成半月形薄片）泡水後，擦乾水分。在平底鍋中倒入芝麻油加熱，慢慢翻炒蓮藕，加入櫻花蝦、紅辣椒（切圓片），繼續翻炒。加入日式基本醬汁，炒至水分收乾為止。
2 人份＝醬汁 3 大匙

29

高湯醬油

以日式高湯增添香氣，
口感更為圓潤。
適合用來製作涼拌菜等烹調方式
單純的料理，非常好用。

醬油
2 大匙

料理酒
1 大匙
（放入微波爐中，不需覆蓋保鮮膜，加熱約 10 秒，直到冒出蒸氣即可。）

第一次高湯
2 大匙

完成量：5 大匙

冷藏保存 3 天

製作方法
將所有調味料混合均勻。

PART 1 〔日式〕萬用醬汁

調味料與醬汁完美搭配豆腐！
高湯冷豆腐

材料（2 人份）
嫩豆腐（切半）……1 塊（300 克）
日本薑（切小段）……1 根
紫蘇葉（切絲）……2 片
柴魚片……2 克
高湯醬油（如左）……2 大匙

製作方法
1. 將豆腐放在鋪有廚房紙巾的托盤上，瀝乾水分。
2. 將日本薑和紫蘇葉分別浸泡在水中約 5 分鐘，然後擦乾水分。
3. 將 1 放入碗中，放上 2 和柴魚片，最後淋上高湯醬油即完成。

調味前的烹調祕訣
將切好的豆腐放在鋪有廚房紙巾的托盤上，確實地瀝乾水分。

花枝與納豆是絕配！
花枝納豆秋葵

材料（2 人份）
花枝（切細條）……60 克
碎納豆……1 包（40 克）
秋葵（切去蒂頭）……2 根
高湯醬油（如左）……2 大匙

製作方法
1. 將秋葵撒鹽搓洗，去除細毛。稍微汆燙後，充分冷卻，縱切成兩半去除種子，再切成細絲。
2. 納豆充分攪拌直至產生黏性。
3. 將花枝和 1 用紙巾擦乾水分後，拌勻。
4. 將 2 和 3 盛入容器中，淋上高湯醬油即可享用。

調味前的烹調祕訣
將花枝和秋葵放在鋪有廚房紙巾的托盤上，徹底去除水分。

這些料理也適用！

香煎茄子

將圓茄（縱向切成兩半，白色面切出大小均勻的斜格刀痕）浸泡水中約 10 分鐘後，擦乾水分。在平底鍋中倒入沙拉油，用中火熱鍋，將茄子兩面煎熟。盛入盤中，淋上高湯醬油，再撒上薑末和蔥花。

2 根茄子＝醬汁 3 大匙

天丼

將高湯醬油、砂糖以 9：2 的比例混合，倒入鍋中以中火加熱。沸騰後加入喜愛的炸物，如海鮮或蔬菜，並再次煮沸。將米飯盛入碗中，再把天婦羅連同煮汁一起蓋在飯上。

炸物 200 克＝醬汁 3 大匙

生魚片醃料

在高湯醬油中加入芥末拌勻，將市售的綜合生魚片放入醬汁中醃製約 10 分鐘，中途翻面。與紫蘇葉或白蘿蔔絲一起盛盤享用。

生魚片 150 克＝醬汁 3 大匙

烏龍冷麵

根據烏龍麵包裝上的指示煮熟後，撈起放入冷水中沖涼。麵條完全冷卻後，瀝乾水分並盛入碗中。淋上高湯醬油，撒上蔥花、白芝麻和海苔絲。

2 人份＝醬汁 5 大匙

溫泉蛋沙拉

將溫泉蛋打入碗中，淋上高湯醬油，再依個人喜好加入苜蓿芽等配料。

1 顆蛋＝醬汁 1 大匙

31

蔬菜高湯

由於日式高湯的比例較多，因此成品風味更溫和，也推薦用於想要保留食材顏色的料理中。

8
第二次高湯
360 毫升

1
薄鹽醬油
3 大匙

1
味醂
3 大匙

完成量：450 毫升

冷藏保存 3 天

製作方法
將所有調味料混合均勻。

白蘿蔔中吸飽高湯香氣、味道溫潤！

柚香雞肉燥燉煮蘿蔔

材料（方便製作的分量）
白蘿蔔（切成 5 公分厚片，皮削厚一點並稍微修邊）……20 公分長段
洗米水……適量
蔬菜高湯（如左）……400 毫升
A｜雞絞肉……40 克
　｜生薑（磨碎）……少許
太白粉水
　　……水 4 小匙：太白粉 2 小匙
柚子皮（切絲）……適量

調味前的烹調祕訣
將蘿蔔浸泡於洗米水中，可去除苦澀辛辣味。

製作方法
1. 白蘿蔔的背面切十字形，切口至蘿蔔高度的一半深。
2. 將白蘿蔔放入鍋中，加入洗米水，開中火煮至軟化。從火上移開後倒掉湯汁，用清水浸泡約 10 分鐘去除澀味。
3. 將 **2** 的水分輕輕拭乾，放回鍋中，加入蔬菜高湯，放上落蓋，用小火煮約 20 分鐘，過程中需一邊翻面。
4. 關火後讓白蘿蔔在鍋中冷卻，加入 **A** 並充分攪拌均勻。
5. 重新開火，煮沸後轉小火攪拌 2～3 分鐘。加入太白粉水增加濃稠度。
6. 將白蘿蔔盛盤，淋上 **5** 的煮汁，撒上柚子皮即可。

充滿日式高湯鮮味的凍豆腐！

青江菜浸煮豆腐

材料（2 人份）
高野凍豆腐……2 片（30 克）
蔬菜高湯（如左）……250 毫升
A｜舞菇（手撕成大塊）……1 包
　｜青江菜（在根部切十字並剝開）
　　……40 克

調味前的烹調祕訣
此處使用的是日本高野凍豆腐，需經過泡開與搓洗，避免湯汁混濁。若改用其他豆腐則可省略此步驟。

製作方法
1. 將高野凍豆腐在盤中浸泡溫水，約 20 分鐘後翻面，再浸泡約 10 分鐘，直到豆腐中心沒有硬芯，中間多次更換水並洗淨。用手將凍豆腐的水分壓出，每 1 片切成 4 等分。
2. 把 **1** 放入鍋中，加入蔬菜高湯並蓋上落蓋，開小火煮約 20 分鐘，過程中需翻面。
3. 取下落蓋，加入 **A** 再煮約 2 分鐘後熄火，然後靜置讓它自然冷卻即可享用。

這些料理也適用！

肉末豆腐

在鍋中倒入沙拉油和薑末炒香，加進牛紋肉和蔥段（斜切成 0.5 公分長）拌炒。加入切成適當大小的板豆腐、撕碎的舞菇和蔬菜高湯，以小火煮約 10 分鐘至入味即可。

2 人份＝醬汁 150 毫升

醬煮地瓜

將地瓜（洗淨、去皮、切成 1 公分寬的圓片）浸泡在水中約 10 分鐘，然後擦乾水分。將蔬菜高湯和地瓜放入鍋中，加熱至沸騰後，蓋上鍋蓋，以小火煮約 15 分鐘，讓地瓜入味。

地瓜 180 克＝醬汁 225 毫升

和風炊飯

將洗好的米 2 杯、雞腿肉（切成 1 公分塊狀）、鴻禧菇（剝散）、牛蒡（切絲）和胡蘿蔔（切成條狀）放入電子鍋中。倒入蔬菜高湯至電子鍋的 2 杯刻度線，輕輕拌勻並鋪平，以標準模式煮飯即可。

米 2 杯＝醬汁 440 毫升

燉煮蘿蔔絲乾

將蘿蔔絲乾用水泡發後，擠乾水分。在鍋中倒入沙拉油熱鍋，依序加入胡蘿蔔（切絲）、蘿蔔絲乾、油豆腐（切絲），慢慢翻炒。加入蔬菜高湯，蓋上鍋蓋，以小火煮約 15 分鐘至變軟。

2 人份＝醬汁 200 毫升

漬蔬菜帆立貝

在平底鍋中倒入芝麻油熱鍋，放入帆立貝、南瓜（切成 1 公分厚）、彩椒（切成一口大小）和秋葵拌炒。加入蔬菜高湯，用小火煮約 10 分鐘後關火，冷卻靜置入味。

2 人份＝醬汁 150 毫升

柑橘醬油

不僅適合用於鍋物，
也適合淋在蒸煮的肉、魚和蔬菜上。
可以依個人喜好或季節
選擇使用不同品種的柑橘。

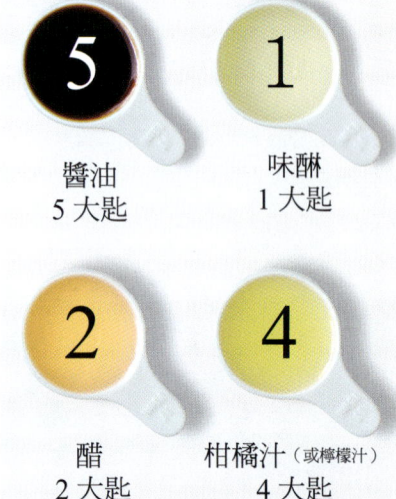

醬油 5 大匙
味醂 1 大匙
醋 2 大匙
柑橘汁（或檸檬汁）4 大匙

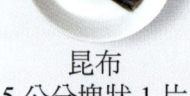
昆布 5 公分塊狀 1 片

柴魚片 5 克

完成量：約 160 毫升

冷藏保存 3 天

製作方法

將所有材料放入鍋中煮沸，然後熄火讓其自然冷卻。靜置 30 分鐘以上之後，過濾即可。

PART 1 〔日式〕萬用醬汁

淋上果凍，清爽可口！

帆立貝佐柑橘醬油凍

材料（2 人份）

- 帆立貝（煮熟）——8 個
- 水——2 小匙
- 吉利丁粉——2 克
- 柑橘醬油（如左）——100 毫升
- 白蘿蔔（磨碎）——40 克
- 柚子胡椒——1/4 小匙
- 裙帶絲——40 克

製作方法

1. 在碗中加水，倒入吉利丁粉。靜置約 10 分鐘後隔水加熱融化，加入柑橘醬油攪拌後倒入托盤中。
2. 在更大的托盤中倒入冰水，再放入 **1**，在冰箱中靜置約 10 分鐘使其凝固。
3. 將白蘿蔔泥輕輕擠去水分，然後與柚子胡椒拌勻。
4. 將帆立貝、裙帶絲與 **3** 放入碗中，再放上 **2**。

調味前的烹調祕訣

將柑橘醬油製成果凍狀，可以防止醬汁流淌，方便與食材一起食用。

讓鍋物更美味！

什錦火鍋佐柑橘醬油

材料（2 人份）

- 土魠魚切片——2 片
- 鹽——1/4 小匙
- A
  - 昆布——10 公分塊狀
  - 鹽——1 小匙
  - 料理酒——1 大匙
  - 水——1 公升
- B
  - 香菇（連蒂切下後縱向切半）——2 片
  - 大蔥（斜切 1 公分長）——1/2 根
  - 白菜（切成 4～5 公分塊狀）——2 片
- 胡蘿蔔（切成 0.5 公分厚圓片，用花型模具挖空）——1/3 根
- C
  - 嫩豆腐（切成 1 公分厚，再切成 4 等份）——1/2 塊（150 克）
  - 水菜（切成 4 公分長）——50 克
- 柑橘醬油（如左）——4 大匙
- 青蔥（切蔥花）——1 根

製作方法

1. 將土魠魚橫向切成兩半，放在托盤上並撒鹽，靜置 10 分鐘後擦乾水分。
2. 將 A、B、**1** 和胡蘿蔔依序放入土鍋中，蓋上鍋蓋，用小火煮約 5 分鐘。依照材料欄中 C 的順序加入材料，再煮約 1 分鐘。
3. 將柑橘醬油倒入碗中，加入蔥花拌勻，即可用來沾取 **2** 的食材。

調味前的烹調祕訣

在放土魠魚的托盤下墊布巾，將托盤斜放，讓帶有腥味的水分流出。

這些料理也適用！

涼拌酪梨番茄

將酪梨（去核去皮，切成 2 公分塊狀）、番茄（切成 2 公分塊狀）、柑橘醬油、芝麻油、白芝麻放入碗中攪拌均勻。
2 人份＝醬汁 2 大匙

拌炒雞肝

將雞肝（去除血管和筋，切成一口大小）浸泡牛奶約 10 分鐘後，擦乾水分。在平底鍋中加入芝麻油、蒜片熱鍋，放入雞肝翻炒，加入柑橘醬油拌勻。盛入容器中，搭配泡過水的洋蔥和柑橘醬油享用。
雞肝 150 克＝醬汁 3 大匙

美乃滋柑橘醬
涼拌雞絲小黃瓜

在耐熱容器中放入雞胸肉和料理酒，鬆鬆地蓋上保鮮膜，微波加熱 2 分鐘後撕成絲。在碗中放入雞絲、小黃瓜絲，加入 1：1 的美乃滋和柑橘醬油拌勻。
2 人份＝醬汁 1 大匙

海苔柑橘醬
拌魷魚青江菜

在碗中放入海苔（撕碎）、柑橘醬油，靜置約 10 分鐘後攪拌均勻。將魷魚（切成圈狀）、青江菜（切成約 3 公分長）快速汆燙後，與海苔柑橘醬拌勻。
2 人份＝醬汁 2 大匙

奶油煎鮭魚

將鮭魚片抹鹽、胡椒、麵粉，放入以奶油熱鍋的平底鍋中，兩面以中火煎 3 分鐘。在另一鍋中將奶油和杏仁片加熱至淺棕色，然後關火，加入柑橘醬油、意大利香芹碎拌勻，淋在鮭魚上即可享用。
鮭魚（切片）2 片＝醬汁 2 大匙

醋味噌

醋的酸味與帶有甜味的白味噌，
相互交織出濃郁風味，
令人回味無窮。搭配烤雞肉、
豬肉或蒟蒻切片，更是美味絕倫。

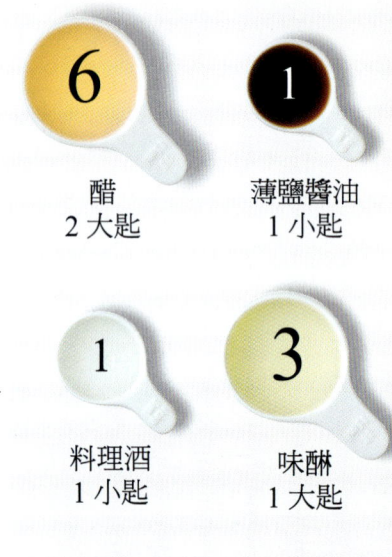

醋
2 大匙

薄鹽醬油
1 小匙

料理酒
1 小匙

味醂
1 大匙

白味噌
4 大匙

蛋黃
1/2 個

完成量：約 125 毫升

冷藏保存 3 天

製作方法
在鍋中加入除了醋以外的所有材料，邊攪拌邊加熱，直到蛋黃熟透後熄火放涼。待溫度稍微下降後，加入醋攪拌均勻即可。

PART 1 〔日式〕萬用醬汁

Q 彈的口感令人欲罷不能！
北寄貝九條蔥佐醋味噌

材料（2 人份）
北寄貝（生魚片用）……8 個
九條蔥……3 根
醋味噌（如左）……3 大匙

＊九條蔥是日本具代表性的一種蔥類，其葉子柔軟且內部黏稠。如果買不到，可用一般蔥取代。

製作方法
1. 北寄貝洗淨擦乾，縱向切成兩半。
2. 九條蔥切成 3 等分，為了方便讓黏液出來，稍微切去葉尖的一小部分。
3. 將水煮沸後，加入鹽（水量的 1%／分量外），再將 2 從根部開始放入，煮 1～2 分鐘。
4. 撈起放在濾網上攤涼，用研磨棒等工具橄壓、擠出黏液，再切成 3 公分長。
5. 將 1、4 和醋味噌放入碗中攪拌均勻。

調味前的烹調祕訣
九條蔥可以用研磨棒等工具，朝著葉尖的方向滾動，將黏液擠出。

酸甜滋味令人上癮！
醋漬鮪魚海帶芽

材料（2 人份）
鮪魚（生魚片用）……100 克
乾燥海帶芽……5 克
山藥（磨成泥）……60 克
醋味噌（如左）……3 大匙

製作方法
1. 將鮪魚切成 2 公分寬的長條狀，在沸水中汆燙約 5 秒。撈起後放入冰水冷卻、瀝乾，再切成丁狀。
2. 海帶芽用水泡發，放入沸水中汆燙約 5 秒後撈起，以冷水沖涼、瀝乾。
3. 在容器中放入 1、2 和山藥泥，最後淋上醋味噌。

調味前的烹調祕訣
將用冰水冷卻過後的鮪魚，放在鋪有紙巾的托盤上，然後用紙巾仔細擦乾水分。

這些料理也適用！

豬肉醋味噌燒

將蔥花與醋味噌混勻後，塗在豬肩里肌肉（炸豬排用）上，在烤盤上排好，用中火烤 7 分鐘直至金黃酥脆。將肉切成適當大小，搭配鹽漬秋葵等享用。
豬肉 120 克×2 片＝醬料 2 大匙

涼拌醋味噌竹莢魚

竹莢魚（生魚片用／切成 0.5 公分條狀）用醋味噌拌勻後盛盤。將生薑、紫蘇葉、日本薑切絲，放入水中浸泡約 5 分鐘後擦乾，裝飾在竹莢魚上。
竹莢魚 120 克＝醬料 2 大匙

爽口醋味噌燉鯖魚

鯖魚（切片）撒上鹽，靜置約 10 分鐘後，用熱水汆燙並放入水中冷卻。在鍋中放入鯖魚、生薑片，再淋上用 5 倍水拌勻的醋味噌，蓋上鍋蓋，中火煮約 5 分鐘。盛盤放上蔥絲即可。
鯖魚（切片）2 片＝醬料 3 大匙

涼拌韓式辣鮪魚

在碗中將醋味噌：韓式辣椒醬：芝麻油：白芝麻（以 3：3：0.5：1 比例）混合，加入鮪魚（切方塊）拌勻。放入盛有芹菜末的盤子上，最後用辣椒絲裝飾。
鮪魚 120 克＝醬料 1 大匙

芝麻醋味噌
涼拌豆芽高麗菜

高麗菜（切 3 公分小塊）、豆芽菜用鹽水汆燙，瀝乾水分。在碗中將醋味噌：芝麻醬（以 3：1 比例）混勻，再加入高麗菜和豆芽菜拌勻。
2 人份＝醬料 2 大匙

37

三杯醋

加入日式高湯風味十足的三杯醋。非常適合用在搭配油膩主菜的副菜，或是食慾不振時的調味選擇。

1
砂糖
1 大匙

3
醋
3 大匙

1
醬油
1 大匙

1
第一次高湯
1 大匙

完成量：約 80 毫升

冷藏保存 3 天

製作方法
將所有調味料混合均勻。

鮮嫩雞肉與醋很搭！

四季豆番茄醋拌雞肉

材料（2 人份）
雞胸肉（去皮）……120 克
四季豆（去絲）……80 克
番茄（汆燙去皮去籽後，切成 1 公分寬的長條狀）……1 顆
A｜鹽……1/4 小匙
　｜酒……1 大匙
　｜水……200 毫升
三杯醋（如左）……4 大匙

製作方法

1. 將四季豆以鹽水煮熟後撈起，用扇子搧涼，切成 3 公分長。四季豆和番茄瀝乾水分。

2. 將 A 放入鍋中煮沸後，加入雞肉並蓋上鍋蓋，再次煮沸後關火。靜置 10 分鐘直至雞肉變得濕潤熟透後取下鍋蓋，並將鍋子整個放入冰水中冷卻。瀝乾雞肉水分，切成寬 1 公分、長 3 公分的條狀。

3. 將 1、2 盛盤，最後淋上三杯醋。

調味前的烹調祕訣
將雞肉連同鍋子一起放入冰水中冷卻是祕訣。如果有蔬菜，一起放入的話會使肉質更軟嫩。

在食材上做出切口更入味！

章魚醋拌小黃瓜

材料（2 人份）
水煮章魚（生食用）……80 克
小黃瓜（用刀刮去表面突起，切掉兩端）……1 條
鹽水……
　水 200 毫升＋鹽 4 克
三杯醋（如左）……4 大匙
薑絲……適量

製作方法

1. 章魚切成 0.5 公分寬，並切出大小均勻的斜格刀痕。

2. 將小黃瓜表面的水分擦拭乾淨，用兩根筷子將小黃瓜固定在砧板上，以 0.1 公分的間隔斜切（但不切斷），整條切完後翻面，再以同樣方式斜切。拔出筷子後切成 2 公分長。放入鹽水中浸泡至軟化後，以清水輕輕沖洗並瀝乾水分。

3. 在碗中加入 1、2、三杯醋攪拌均勻後盛盤，並用薑絲裝飾。

調味前的烹調祕訣
在章魚上切出大小均勻的斜格刀痕，可以讓味道更加入味。

這些料理也適用！

醋拌茄子小黃瓜

將日本薑、茄子、小黃瓜（都縱向切半後，再斜切成 0.2 公分厚）撒鹽，靜置約 10 分鐘後洗淨並擦乾水分，與三杯醋一起放入碗中拌勻。
2 人份＝醬汁 3 大匙

南蠻漬小竹莢魚

在碗中混合三杯醋、紅辣椒（切成圈狀）、胡蘿蔔（切絲）、洋蔥（縱向切半後切成薄片），將小竹莢魚裹上麵粉，用 170°C 油炸 5～6 分鐘，將油瀝掉後趁熱放入碗中浸泡約 10 分鐘。
小竹莢魚 150 克＝醬汁 3 大匙

三杯醋拌秋葵

將秋葵（切除蒂頭及周圍的皮）用鹽搓洗表面去除絨毛。快速汆燙後沖冷水，切成小段。將秋葵和三杯醋放入碗中拌勻後盛盤，最後放上薑絲。
秋葵 4 條＝醬汁 2 大匙

番茄洋蔥沙拉

洋蔥（切成圓形薄片）泡冰水後擦乾。在碗中依序放入番茄（切成圓形薄片）、洋蔥和三杯醋，重複堆疊數次。最後撒上柴魚片即可。
2 人份＝醬汁 3 大匙

涮豬肉佐蘿蔔泥三杯醋

將豬肉片放入快要沸騰的熱水中涮約 30 秒，使其均勻受熱，起鍋瀝乾水分後盛盤，放上小番茄、水菜（切成 4 公分長），並淋上與白蘿蔔泥（40 克）混合的三杯醋。
豬肉 150 克＝醬汁 3 大匙

白醬

口感滑順的奶油白醬，
是製作主菜的最佳幫手。
做法很簡單，快來掌握製作方法吧！

奶油 30 克

麵粉 30 克

牛奶 400 毫升

鹽 1/2 小匙

胡椒 適量

完成量：約 400 毫升

冷藏保存 3 天，冷凍保存 2～3 週

製作方法

1　在鍋中放入奶油熱鍋融化後，加入過篩的麵粉，用鍋鏟邊攪拌邊用小火加熱約 1 分鐘後熄火。

2　將冷牛奶一口氣倒入鍋中，用鍋鏟沿著鍋邊刮下醬汁，以中火加熱。一邊用打蛋器攪拌，避免結塊，一邊用鍋鏟將鍋邊的醬汁刮下，直到醬汁濃稠。最後加入鹽和胡椒粉並攪拌均勻。

濃郁的醬汁包裹著牡蠣，真是太美味了！

焗烤牡蠣蛋

材料（2 人份）

牡蠣肉……150 克
白葡萄酒……50 毫升
青蔥（切 1 公分小段）……1/2 根
青花菜（切小朵）……60 克
鮮奶油……50 毫升
白醬（如左）……全部分量
水煮蛋……2 顆
鹽、胡椒……各少許
披薩用起司……20 克
奶油……10 克

製作方法

1　將奶油（5 克）放入平底鍋中加熱，加入蔥段，小火炒至軟化。青花菜用鹽水煮熟。

2　在鍋中加入牡蠣和白葡萄酒，開中火加熱至牡蠣熟透後，取出切成 2 公分的塊狀。留下煮汁。

3　在 1 的平底鍋中加入 2 的煮汁、鮮奶油和白醬混合，煮滾後加入牡蠣、青花菜、水煮蛋，以鹽和胡椒調味。

4　在耐熱容器中塗上奶油（5 克），倒入 3，撒上起司，放入預熱至 250°C 的烤箱中，烤 8 分鐘至表面金黃酥脆。

調味前的烹調祕訣 1
牡蠣生切容易碎，因此先煮熟讓其膨脹後再切小塊，口感較佳。

調味前的烹調祕訣 2
焗烤的白醬，如果質地綿滑的話會更美味，因此加入食材釋放出的水分、白葡萄酒和鮮奶油，使醬汁變得濃稠。

〔西式〕萬用醬汁

這些料理也適用！

白醬雞肉春卷

將奶油放入鍋中加熱，加入蘑菇（切成 4 等分）炒至軟化。接著加入舒肥雞胸肉（撕碎）、煮熟的菠菜和白醬，拌勻後關火冷卻。將混合物包入春卷皮中，放入 180°C 的油中炸至金黃酥脆，約 2 分鐘即可。最後撒上鹽巴調味。
2 人份＝醬料 100 毫升

咖哩風味白醬歐姆蛋

將雞蛋加入鹽和胡椒打散後，製作成歐姆蛋。將奶油放入鍋中加熱，按順序加入培根（切絲）、洋蔥（切半後再切成薄片）、鴻禧菇（剝散）和咖哩粉翻炒，然後加入白醬攪拌均勻。將歐姆蛋盛盤，再淋上醬汁。
2 人份＝醬料 100 毫升

燉奶油漢堡排

將奶油放入平底鍋中加熱，將捏成小圓餅狀的漢堡肉排整齊擺放入鍋中，用中火煎到兩面上色。在平底鍋的角落加入杏鮑菇（用手撕碎）和胡蘿蔔（切片），一起煎到上色後後，加入白醬和西式雞高湯，燉煮約 10 分鐘。盛盤，搭配煮熟的蘆筍享用。
2 個漢堡排＝醬料 200 毫升

法式火腿起司三明治

在一片吐司上放火腿片和披薩用起司，然後塗一層白醬，用另一片吐司蓋上。放入預熱好的烤箱中，烤約 4 分鐘至吐司表面金黃酥脆即可。
2 片吐司＝醬料 3 大匙

外酥內軟～大人小孩都愛的美味！
蟹肉奶油可樂餅

〔西式〕萬用醬汁

材料（2人份）
- 蟹肉⋯⋯80克
- A｜洋蔥（切碎）⋯⋯1/4顆
   ｜胡蘿蔔（切碎）⋯⋯1/5根
   ｜芹菜（切碎）⋯⋯1/4根
- 麵粉⋯⋯10克
- 白醬（P40）⋯⋯300毫升
- 麵粉、蛋液、麵包粉⋯⋯各適量
- 奶油⋯⋯10克
- 炸油⋯⋯適量
- 高麗菜（切絲）⋯⋯適量
- 小番茄⋯⋯4顆
- 番茄醬⋯⋯適量

製作方法

1. 將奶油放入鍋中以小火加熱融化，加入 **A** 慢慢翻炒。炒至蔬菜變軟後，加入麵粉（10克）炒勻，接著加入蟹肉和白醬。將水分煮乾的同時持續攪拌，直到用鍋鏟攪拌時能看到鍋底為止（如右圖），即可從火上移開。

2. 將 **1** 轉移到托盤上，攤平展開，用保鮮膜緊密覆蓋，防止空氣進入。接著放在裝有冰塊的大托盤上冷卻凝固（如右圖）。

3. 將 **2** 分成 6 等分，用保鮮膜包裹塑形成圓柱狀，依序裹上麵粉、蛋液和麵包粉。放入 180°C 度的油鍋中，炸至金黃酥脆內部熟透即可。

4. 將高麗菜、小番茄和 **3** 盛盤，並附上番茄醬。

調味前的烹調祕訣 1
只用基本白醬製作奶油可樂餅會過於柔軟，因此需要加入麵粉炒過以增加濃稠度。

調味前的烹調祕訣 2
將可樂餅麵糊冷卻凝固之後，再做成為圓柱形是祕訣。如果做成圓餅狀，容易因為內餡較軟而鬆散。

奶油的風味濃郁！
豬肉奶油燉菜

材料（2人份）
豬肩里肌肉塊（切成 3 公分丁狀）
……250 克
鹽、胡椒……各少許
蘑菇（蒂頭切除，縱切半）……4 個
A｜洋蔥（切成 3 公分丁狀）
　　……1/2 顆
　　胡蘿蔔（切成 0.5 公分片狀）
　　……1/3 根
　　馬鈴薯（切成 3 公分丁狀）……1 顆
西式雞高湯……400 毫升
白醬（P40）……300 毫升
奶油……10 克
巴西里（切碎）……依喜好

製作方法
1. 將豬肉均勻抹鹽和胡椒粉。
2. 將奶油（5 克）放入平底鍋中，以中火加熱融化。加入蘑菇，炒約 1 分鐘，至蘑菇稍微變色後取出。
3. 將奶油（5 克）放入鍋中，以中火加熱。放入豬肉和 A，炒至顏色稍微變深。加入西式雞高湯，蓋上鍋蓋，以小火煮約 40 分鐘，直到豬肉變軟。接著加入白醬和 2，燉煮約 10 分鐘，直到濃稠度適中，並稍微收汁為止。
4. 盛盤，可依個人喜好撒上巴西里。

調味前的烹調祕訣 1
因為是白色的燉菜，所以要慢慢炒，不要讓它變色，才能呈現奶油白醬顏色的成品。

調味前的烹調祕訣 2
蘑菇加熱過度會縮小，乳製品的白醬則容易失去香氣，因此兩者都不要煮太久，最後再加入即可。

義大利番茄醬

這是一款以番茄和洋蔥為主要食材的清爽番茄醬。也可以用來製作披薩。

大蒜（切碎）1/2 瓣

洋蔥（切碎）1/4 顆

罐裝切碎番茄（水煮）400 克

鹽 1/2 小匙

胡椒 少許

橄欖油 1 大匙

完成量：約 350 克

冷藏保存 5 天，冷凍保存 2～3 週

製作方法

將橄欖油和蒜頭放入鍋中，以小火加熱至香氣散出，並稍微變色後，加入洋蔥翻炒。再加入番茄、鹽和胡椒粉，燉煮約 10 分鐘至適當濃稠度。

醬汁和義大利麵是絕配！

茄腸番茄義大利麵

材料（2 人份）

- 茄子（切成 0.5 公分厚片）……1 根
- 香腸（切成 0.5 公分斜片）……4 根
- 義大利麵……160 克
- 義大利番茄醬（如左）……300 克
- A｜鹽、胡椒……各少許
  ｜帕瑪森乾酪（磨碎）……1 大匙
- 橄欖油……1 大匙
- 帕瑪森乾酪（磨碎）……依喜好
- 粗磨黑胡椒……依喜好
- 義大利香芹……依喜好

製作方法

1. 茄子浸泡在水中約 10 分鐘，去除澀味，然後擦乾水分。
2. 將橄欖油倒入鍋中，以中火加熱，放入香腸和 1 炒熟後，加入義大利番茄醬。
3. 在另一個鍋中，按照包裝指示煮熟義大利麵，加入 2 並拌勻，然後加入 A 並拌炒均勻。
4. 盛盤，可按個人喜好加入帕瑪森乾酪、黑胡椒和義大利香芹裝飾。

調味前的烹調祕訣
茄子需要泡水去除澀味。烹煮時如果不擦乾，不僅會影響上色，還會帶出澀味。

番茄的酸味讓人上癮！

雞肉甜椒番茄燉菜

材料（2 人份）

- 雞腿肉……1 大塊（400 克）
- A｜鹽、胡椒……各少許
  ｜麵粉……1 大匙
- B｜洋蔥（切成寬 1 公分、長 4 公分的條狀）……1/2 顆
  ｜甜椒（紅・黃／切成寬 1 公分的條狀）……各 1/2 顆
  ｜櫛瓜（切成寬 1 公分、長 4 公分的條狀）……1/2 根
- 西式雞高湯……100 毫升
- 義大利番茄醬（如左）……300 克
- 橄欖油……1 小匙

製作方法

1. 將雞肉切成 5 公分塊狀，並裹上 A。
2. 將橄欖油倒入平底鍋中以中火加熱，將雞肉皮面朝下煎至兩面金黃後取出。
3. 如果鍋內油脂太多，請擦拭乾淨。將 B 放入 2 的平底鍋中，以中火慢慢煎至上色後，再將 2 的雞肉放回鍋中，加入西式雞高湯和義大利番茄醬，燉煮約 20 分鐘。

調味前的烹調祕訣
將雞皮朝下煎至金黃，可逼出多餘油脂，讓料理更健康，同時也讓醬汁更加香醇濃郁。

PART 1 〔西式〕萬用醬汁

這些料理也適用！

披薩吐司

將吐司塗上加入奧勒岡的義大利番茄醬，再放上熱狗片、洋蔥片、甜椒絲和披薩專用起司，用烤箱中火烤約4分鐘。
吐司2片＝醬料2大匙

茄汁煎旗魚

將橄欖油和蒜末加入鍋中爆香，放入洋蔥片和櫛瓜絲炒香後，加入義大利番茄醬。旗魚撒上鹽和黑胡椒後，放入另一油鍋，兩面煎至熟透，再加入醬料中。
旗魚（切片）2片＝醬料6大匙

義式番茄燉肉丸

將絞肉、熱狗、洋蔥、迷迭香（都切碎）、帕瑪森乾酪（磨碎）、鹽和胡椒放入碗中拌勻後，捏成乒乓球大小的肉丸。將橄欖油倒入平底鍋中熱鍋，放入肉丸煎至熟透，再加入義大利番茄醬燉煮。
2人份＝醬料200克

焗烤茄汁茄子

將茄子（縱切）放入水中浸泡後擦乾，放入用橄欖油熱鍋的平底鍋煎熟。將茄子、義大利番茄醬一層一層放入耐熱容器中，再倒入均勻混合鹽、胡椒和帕瑪森乾酪的蛋液，放入以180°C預熱的烤箱中烤約25分鐘。
2人份＝醬料120克

最多人喜愛的義大利麵醬料

青醬

青醬與義大利麵完美融合，堅果的口感更增添了美味的層次！

材料與製作方法（完成量：70 克）

將羅勒葉或九層塔（20 克）、大蒜（1/2 瓣）、綜合堅果（15 克）、橄欖油（20 克）、帕瑪森乾酪（10 克）、鹽（一小撮）、黑胡椒（少許）備齊。將羅勒葉和大蒜切碎，堅果切成粗粒，帕瑪森乾酪磨成粉，然後所有材料放入攪拌機中拌勻，完成後立即密封保存。

卡波納拉醬

蛋和起司的濃郁風味，加上鮮奶油的滑順口感，讓人一吃就愛上！

材料與製作方法（完成量：180 克）

在鍋中打入蛋黃（2 顆）、加入鮮奶油（120 毫升）、帕瑪森乾酪（18 克／磨碎）、粗磨黑胡椒（適量）、鹽（1/3 小匙），用小火加熱，途中要不停攪拌。當醬汁變濃稠後，連同鍋子迅速一起放入冰水中隔水冷卻。

白酒蛤蜊醬

蛤蜊的鮮味滲入醬汁中，再加入辣椒，創造出令人上癮的微辣口感！

材料與製作方法（完成量：280 克）

蛤蜊（帶殼／200 克）吐沙後，搓洗乾淨並擦乾。將蒜末（1/2 瓣）和橄欖油（1 大匙）放入鍋中，小火加熱約 1 分鐘，炒出香氣後，加入辣椒片（1/2 根），炒至辣椒變色後，加入蛤蜊拌炒，再倒入白酒（100 毫升），蓋上鍋蓋，煮至蛤蜊打開後關火。待稍微冷卻後，將蛤蜊肉取出，放回鍋中。

和醬汁完美融合，非常美味！

青醬螺旋麵

材料與製作方法（2 人份）

1. 用加了 1% 鹽（1 公升水：10 克鹽）的沸水，依照包裝上的指示時間煮熟螺旋麵（160 克）。
2. 在碗中放入螺旋麵、煮麵水（80 毫升）、青醬（如左／全部分量）、黑橄欖片（4 顆），拌勻後加入鹽和胡椒（各少許）調味。盛盤，並根據個人喜好撒上綜合堅果（適量／切碎）。

清爽風味的青醬、濃郁的卡波納拉醬、鮮味十足的白酒蛤蜊醬等，只要記住這些醬料，就可以根據當天的心情享用各種不同口味的義大利麵！

濃郁醬汁與培根是絕配！
卡波納拉筆管麵

材料與製作方法（2人份）

1. 用加了1%鹽（1公升水：10克鹽）的沸水，依照包裝上的指示時間煮熟筆管麵（160克）。
2. 在平底鍋中放入奶油（20克），以中火熱鍋，放入培根（60克／切成寬0.5公分、長3公分）翻炒。關火並加入筆管麵、煮麵水（80毫升）和卡波納拉醬（見左／全部分量）拌勻。盛盤，並根據個人喜好撒上粗磨黑胡椒和磨碎的帕瑪森乾酪。

蛤蜊的鮮味撲鼻而來！
白酒蛤蜊義大利麵

材料與製作方法（2人份）

1. 用加了1%鹽（1公升水：10克鹽）的沸水，依照包裝上的指示時間煮熟義大利麵（160克）。
2. 把白酒蛤蜊醬（見左／全部分量）放入鍋中，用中火加熱，然後加入義大利麵、巴西里（1大匙／切末）、橄欖油（2小匙），並充分攪拌乳化。最後以鹽和胡椒（各少許）調味。

西式番茄醬

使用培根和西式雞高湯製成，只要淋在肉類或魚類的煎烤料理上，就能輕鬆完成一道美味佳餚。

培根（切0.5公分丁）40克

洋蔥（切0.5公分丁）60克

胡蘿蔔（切0.5公分丁）40克

芹菜（切0.5公分丁）20克

牛番茄（切0.5公分丁）250克

番茄糊 10克

大蒜（切末）1/2瓣

西式雞高湯 400毫升

麵粉 15克

百里香 1枝

鹽、白胡椒 各少許

奶油 5克

完成量：約400毫升

冷藏保存4天，冷凍保存2～3週

製作方法

在平底鍋中放入奶油，以中火熱鍋，放入大蒜和培根炒香，再加入洋蔥、胡蘿蔔和芹菜慢慢翻炒。加入麵粉炒勻，再加入牛番茄、番茄糊、西式雞高湯、百里香、鹽和白胡椒燉煮約20分鐘。

小火煎至外酥肉嫩！
香煎米蘭豬排

材料（2人份）

豬小里肌肉（切成厚約0.5公分塊狀）……200克

A｜鹽……1/4小匙
　｜胡椒……少許
　｜麵粉……1大匙

B｜雞蛋……3個
　｜新鮮香草（如羅勒或巴西里／切末）……1大匙
　｜鹽……1/5小匙
　｜胡椒……少許

西式番茄醬（如左）……100毫升

奶油……10克

炸薯條……適量

豆苗……適量

製作方法

1. 將豬肉均勻裹上 A。
2. 將 B 放入碗中充分攪拌。
3. 將奶油放入平底鍋中以小火加熱融化，將 1 裹上 2 後整齊放入鍋中。待蛋液凝固後翻面，用湯匙舀 2 塗在豬肉上，翻面之後再度將 2 塗上，反覆操作至蛋液用完為止。一邊注意不要煎到焦黃，一邊煎熟。
4. 將 3 盛盤，放入炸薯條和豆苗，最後淋上西式番茄醬。

調味前的烹調祕訣
一邊塗抹蛋液，一邊用小火慢煎（不讓它變色），可以讓成品呈現柔嫩鬆軟的口感。

肉汁四溢的醬料最美味！
燉煮漢堡排

材料（2人份）

牛豬絞肉（粗絞）……250克

洋蔥（切碎）……60克

A｜新鮮麵包粉……20克（乾燥為15克）
　｜蛋液……1/2顆
　｜牛奶……60毫升
　｜鹽……1/2小匙
　｜胡椒……適量
　｜肉荳蔻……少許

西式番茄醬（如左）……300毫升

西式雞高湯……100毫升

青花菜（鹽水汆燙）……適量

奶油……15克

製作方法

1. 將奶油（10克）放入平底鍋中，以中火加熱至奶油呈現焦糖色之後，加入洋蔥，快速翻炒，裝入碗中，放涼備用。
2. 將 A 加入 1 的碗中拌勻，再加入絞肉，均勻攪拌後分成 2 等分，做成扁圓形。
3. 將奶油（5克）放入平底鍋中，以中火加熱，放入 2 並煎至兩面金黃。
4. 接著加入西式番茄醬和西式雞高湯，蓋上鍋蓋用小火燉煮約10分鐘。
5. 把 4 連同醬汁一起盛盤，旁邊擺上汆燙好的青花菜。

調味前的烹調祕訣
絞肉一開始不要單獨攪拌，直接和所有食材一起混合，可以保持多汁和粗絞的口感。

這些料理也適用！

番茄香料飯
將西式番茄醬、洗淨的米、鹽、胡椒放入電子鍋中，加入西式雞高湯至刻度線，然後開始煮飯。煮好後，將飯拌勻，盛入容器中，撒上切碎的巴西里即可。
米2杯＝醬料150毫升

櫛瓜普羅旺斯燉菜
在平底鍋中加入橄欖油、蒜頭（拍碎）和百里香，將櫛瓜（切成厚0.5公分圓片）兩面煎至金黃色，撒上鹽和胡椒調味。加入西式番茄醬煮約10分鐘。
櫛瓜1根＝醬料100毫升

番茄奶油雞肉咖哩
將雞腿肉（切3公分丁）撒上鹽和胡椒。將奶油放入平底鍋中加熱，放入雞腿肉和蘑菇（縱向切半）翻炒，加入西式番茄醬、水和咖哩塊燉煮約10分鐘，最後加入牛奶煮沸即可。
雞肉200克＝醬汁150毫升

佛朗明哥蛋
將橄欖油塗在耐熱碗上，鋪上西式番茄醬，再打入雞蛋。放上熱狗（切幾道切痕）和黑橄欖片，放入烤箱加熱5分鐘。
2人份＝醬料100毫升

墨西哥辣肉醬
在平底鍋中加入橄欖油、蒜末和孜然加熱，放入牛豬混合絞肉炒至變色。加入紅腰豆（水煮罐頭）、西式番茄醬和印度咖哩粉稍微燉煮，最後用鹽調味。
2人份＝醬料150毫升

49

焦香奶油醬

加入檸檬酸味和酸豆風味，
充滿特色的奶油醬汁。
適合搭配海鮮或蔬菜等料理。

奶油 100 克

檸檬汁 2 大匙

酸豆（粗略切碎）2 大匙

鹽 1/3 小匙

白胡椒 少許

完成量：約 9 大匙

冷藏保存 4 天

製作方法

將奶油放入鍋中，開中火加熱，當起泡沫且水分蒸發，顏色變深時，將鍋子離火。加入檸檬汁、酸豆、鹽和白胡椒，充分攪拌均勻，使醬汁乳化。

PART 1 〔西式〕萬用醬汁

鮮嫩多汁的魚肉！
法式嫩煎魚排

材料（2 人份）

鮭魚（切片）……2 片
A｜鹽……1/3 小匙
　｜胡椒……少許
　｜麵粉……1 大匙
番茄（切 0.8 公分丁）……2 大匙
焦香奶油醬（如左）……4 大匙
巴西里（切碎）……1 小匙
奶油……10 克
花椰菜（鹽水汆燙）……80 克
杏仁片（烤過）……1 大匙

製作方法

1. 將鮭魚均勻裹上 A。
2. 番茄、焦香奶油醬、巴西里攪拌均勻加熱備用。
3. 在平底鍋中放入奶油以中火加熱，放入 1 皮面朝下開始煎。待煎至表面變色後翻面，邊煎邊淋上奶油，煎約 3 分鐘至熟透。
4. 將 3 和花椰菜盛盤，倒入加熱過的 2 並撒上杏仁片。

調味前的烹調祕訣
鮭魚裹上麵粉後，輕輕拍去多餘的粉末，避免粉末過多。

剛蒸好淋上醬汁，更美味可口！
焦香奶油蒸蔬菜

材料（2 人份）

喜歡的蔬菜（地瓜、胡蘿蔔、彩椒、馬鈴薯、青花菜等／切成易食用大小）……各適量
焦香奶油醬（如左）……4 大匙
醬油……1 小匙

製作方法

1. 將蔬菜放入蒸籠或電鍋中蒸熟，用竹籤輕輕插入，能夠順利穿透的蔬菜即可取出。
2. 將焦香奶油醬和醬油混合。
3. 將溫熱的 1 盛盤，再淋上加熱後的 2 即可享用。

調味前的烹調祕訣
蒸熟的蔬菜，用竹籤刺一下確認是否熟透。

這些料理也適用！

焦香奶油拌高麗菜

將高麗菜（切成寬 0.5 公分條狀）用鹽水煮過後瀝乾，趁熱與焦香奶油醬拌勻即可。
高麗菜 2 片＝醬料 2 大匙

香煎豬排冷盤

將大里肌豬排（切斷筋）裹上鹽、胡椒和麵粉。在平底鍋中放入奶油加熱，將豬排兩面煎至金黃色，然後加入焦香奶油醬。擺盤時，旁邊附上貝比生菜。
豬肉 120 克×2 片＝醬料 3 大匙

煎鱈魚佐奶香海苔醬

將鱈魚（切片）裹上鹽、胡椒、麵粉後，放入以橄欖油熱鍋的平底鍋中煎熟。將海苔、番茄（切 0.5 公分丁）加入焦香奶油醬後，再淋在鱈魚上。
鱈魚（切片）2 片＝醬料 3 大匙

醬香奶油炒茄子秋葵

將茄子（切長條）浸泡在水中約 10 分鐘去除澀味。在平底鍋中加入橄欖油和大蒜（拍碎）炒香，接著放入茄子和秋葵一起炒熟。最後加入醬油和焦香奶油醬調味即可。
2 人份＝醬料 2 大匙

法式奶油醬章魚

將章魚水煮後切成波浪片，與番茄片一起擺放在盤子上。在焦香奶油醬中加入水煮蛋丁、蒔蘿碎混勻之後，淋在番茄上。
*波浪片切法：切時將刀子左右搖晃，在表面上製造凹凸的切法。
2 人份＝醬料 2 大匙
*奶油冷卻之後會凝固，所以請趁溫熱調理，或者將做好的醬料隔溫水保溫。

手作美乃滋

自製的美乃滋，
能夠享受到不同的新鮮風味。
加入了芥末讓味道更豐富。

蛋黃 1 顆

黃芥末醬 1 小匙

白酒醋 1 小匙

玄米油 120 毫升

鹽 1/3 小匙

白胡椒 少許

完成量：約 130 克

冷藏保存 10 天

製作方法

將玻璃碗斜放，並在底部墊濕布固定。放入蛋黃、黃芥末醬、白酒醋（少許）、鹽和白胡椒，用攪拌器攪拌均勻。從高處慢慢倒入玄米油，同時不斷攪拌，直到完全混合後，加入剩餘酒醋拌勻。

PART 1　〔西式〕萬用醬汁

飽足感十足！
馬鈴薯沙拉

材料（2人份）
馬鈴薯……250 克
胡蘿蔔（切扇形片）……1/4 根
小黃瓜（切薄片）……1/2 根
火腿（切條狀）……30 克
手作美乃滋（如左）……50 克
鹽、胡椒……各少許

製作方法

1 將馬鈴薯放入水已經煮沸的蒸籠或電鍋中，以中火蒸約 30 分鐘，取出後去皮，趁熱用研磨棒或其他工具搗碎。將胡蘿蔔以鹽水煮熟放涼，將小黃瓜撒鹽（分量外）靜置約 10 分鐘後，擠出水分。

2 將 1、火腿、手作美乃滋均勻混合，用鹽、胡椒調味。

調味前的烹調祕訣
馬鈴薯冷卻後會變硬，因此趁熱搗碎會比較容易操作。

為餐桌增添華麗色彩！
魔鬼蛋

材料（2人份）
雞蛋……3 顆
手作美乃滋（如左）……30 克
紅心橄欖
　（切 0.3 公分寬切片）……2 個
山蘿蔔葉……1 株
全麥餅乾……依喜好

製作方法

1 將雞蛋和水（分量外）放入鍋中，以中火加熱。煮沸過程中，偶爾用筷子輕輕翻滾雞蛋。水煮沸後，轉小火煮約 12 分鐘，再撈起泡冷水。冷卻後剝殼並洗淨。

2 將 1 縱向切半，取出蛋黃後，用濾網篩成泥，再加入手作美乃滋拌勻。

3 為了讓蛋白能穩定放置，將底部稍微切平。切下的蛋白放入取出蛋黃的凹洞中。

4 將 2 裝入擠花袋中，擠入蛋白的凹洞，插上紅心橄欖，再放上山蘿蔔葉裝飾。

5 擺盤時，可按個人喜好搭配全麥餅乾享用。

調味前的烹調祕訣
煮雞蛋時不斷讓蛋滾動，可以讓蛋黃維持居中。

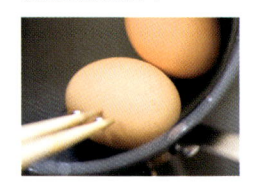

這些料理也適用！

芝麻美乃滋
涼拌雞肉青花菜

將雞胸肉用西式雞高湯煮熟後，用手撕成小塊。將手作美乃滋：芝麻：醬油（9：2：1 比例）拌入雞肉和汆燙好的青花菜中。
2 人份＝醬料 3 大匙

手作美乃滋
涼拌豆腐渣

鍋中加入胡蘿蔔絲、荷蘭豆絲和水，加熱約 3 分鐘，然後加入豆腐渣炒熱之後，熄火冷卻。與手作美乃滋：薄鹽醬油（9：2 比例）拌勻。
2 人份＝醬料 3 大匙

蠔油美乃滋
炒豬肉青江菜

在平底鍋中放入芝麻油和生薑末加熱，放入豬肉絲翻炒，再加入青江菜（切成寬 1 公分、長 4 公分條狀），最後加蠔油：手作美乃滋（1：3 比例混合）炒勻。
2 人份＝醬料 2 大匙

柚子胡椒美乃滋
爐烤鮭魚

在烤盤上放入鮭魚、甜椒、櫛瓜（都切成一口大小），與手作美乃滋：醬油（6：0.5 比例）、柚子胡椒混勻。放入烤箱中，烤約 8 分鐘至表面金黃。
2 人份＝醬料 2 大匙

梅肉柴魚片美乃滋
涼拌四季豆

四季豆（去除兩端蒂頭和筋絲）以鹽水煮熟，切成 4 公分段。在碗中混合梅肉：手作美乃滋（1：6 比例），以及柴魚片（用手搓成粉狀），最後放入四季豆拌勻即可。
四季豆 60 克＝醬料 2 大匙

53

芥末沙拉醬

芥末籽醬為這款簡單的醬料增添了風味,也推薦用於義式涼拌冷盤等料理。

芥末籽醬 1 小匙

白酒醋 3 大匙

橄欖油 3 大匙

鹽 1/3 小匙

白胡椒 少許

完成量:約 90 毫升

冷藏保存 3 週

製作方法
將所有材料放入碗中,用攪拌器拌勻。靜置一段時間後會分層,使用前再攪拌均勻即可。

PART 1 〔西式〕萬用醬汁

醋和芥末,清爽解膩!
蔬菜棒佐芥末沙拉

材料(2人份)
胡蘿蔔、白蘿蔔、紅皮蘿蔔、小黃瓜
　(各切成 0.5 公分寬的條狀)
　……各 50 克
芥末沙拉醬(如左)……3 大匙

製作方法
1 將蔬菜棒裝在容器中,旁邊附上芥末沙拉醬沾著吃。

調味前的烹調祕訣
蔬菜如果切太厚會不易食用,0.5 公分的寬度不僅不易折斷,也更容易蘸附芥末沙拉醬。

兩種番茄,色彩繽紛!
醃泡橄欖起司

材料(2人份)
A | 小番茄(紅、黃)……各 6 顆
　| 莫扎瑞拉起司(一口大小)……10 個
　| 橄欖(黑、綠)……各 6 個
　| 義大利綜合香料……1/2 小匙
　| 鹽……一小撮
　| 胡椒……少許
芥末沙拉醬(如左)……4 大匙

製作方法
1 將 A 和芥末沙拉醬放入碗中混勻即可享用。

調味技巧
醃漬後製作成常備菜靜置一段時間,讓醬汁充分入味,味道會更加均勻。

這些料理也適用！

和風蕈菇義大利麵

在平底鍋中倒入芝麻油加熱，放入鴻禧菇（剝散）、洋蔥片、香菇片煎熟。將剛煮好的義大利麵、醬油和芥末沙拉醬混合後盛盤，最後撒上紫蘇葉絲和海苔碎即可。

2人份＝醬料3大匙

培根蘆筍香料飯

將洗淨的米、烤過的培根、洋蔥、蘆筍（都切0.5公分丁）、芥末沙拉醬、鹽、白胡椒放入電子鍋中，加入西式雞高湯至刻度線，按下煮飯鍵即可。

米2杯＝醬料2大匙

法國麵包佐芥末沙拉醬

將變硬的法國麵包泡水後擰乾並撕小塊，放入碗中。加入洋蔥片、生火腿、橄欖、起司、小黃瓜滾刀塊、番茄丁，以及芥末沙拉醬拌勻即可。

2人份＝醬料3大匙

香煎旗魚排

將旗魚片裹鹽、胡椒和麵粉，放入以橄欖油熱鍋後的平底鍋中，煎至雙面金黃。加入芥末沙拉醬、小番茄（切4等分）、義大利香芹碎拌勻。

旗魚（切片）2片＝醬料3大匙

酸豆橄欖醬

將芥末沙拉醬、黑橄欖（4顆）、酸豆（10克）放入攪拌機中打碎拌勻；接著，倒在用鹽水汆燙的魷魚圈和蘆筍（切4公分長）上。

2人份＝芥末沙拉醬2大匙

糖醋醬

這道糖醋醬帶有雞湯的風味。
只要記住這個配方，
往後的中式料理菜單就會更加豐富。

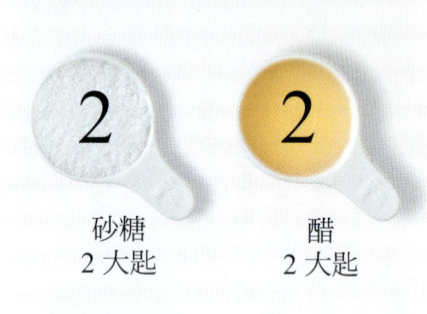

2 砂糖 2 大匙

2 醋 2 大匙

1 醬油 1 大匙

1 料理酒 1 大匙

8 雞高湯 120 毫升

0.5 太白粉 1/2 大匙

完成量：約 180 毫升

冷藏保存 4 天

製作方法

將所有材料放入鍋中，以中火加熱。邊加熱邊攪拌，直到濃稠即可使用。

酸甜的醬汁，讓飯越吃越香！

糖醋肉

材料（2 人份）

豬梅花肉……300 克
A｜醬油……1 大匙
　｜料理酒……1 大匙
糖醋醬（如左）……180 毫升
番茄醬……1 大匙
B｜麵粉……50 克
　｜小蘇打粉……1/3 小匙
　｜水……60 毫升
胡蘿蔔（切一口大小）……1/3 根
洋蔥（切一口大小）……1/2 顆
C｜青椒（切一口大小）……2 個
　｜玉米筍（切一口大小）……3 根
蔥花……1 大匙
調理油……適量
芝麻油……1 小匙

製作方法

1. 豬肉切成厚 1 公分、長 3 公分的條狀，再切出大小均勻的斜格刀痕後，以 A 拌勻醃漬。將糖醋醬和番茄醬混勻備用。
2. 在另一碗中加入 B，用攪拌器攪拌均勻。
3. 在鍋中倒入調理油，加熱至 170°C，依序放入胡蘿蔔、洋蔥、青椒和玉米筍過油，取出瀝乾。
4. 將醃好的豬肉裹上 2，逐一放入預熱至 180°C 的油鍋中，炸 2～3 分鐘至表面酥脆後取出。
5. 另起一平底鍋，倒入芝麻油用中火加熱，放入蔥花炒香，加入 1 的醬料。混合到理想的濃稠度後，加入 3 和 4 拌勻。

調味前的烹調祕訣 1
在豬肉上切出大小均勻的斜格刀痕，可以讓味道更容易入味。

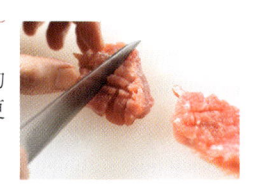

調味前的烹調祕訣 2
豬肉醃漬入味，可以去除腥味，並讓肉質變得軟嫩好咬。

〔中・韓・南洋風味〕萬用醬汁

這些料理也適用！

茄子夾肉

將茄子（切成 0.5 公分厚片）泡水約 10 分鐘後，擦乾並裹上麵粉。在碗中放入豬絞肉、竹筍（水煮／切 0.3 公分塊狀）、蔥末、薑末、鹽、白胡椒拌勻。然後用 2 片茄子夾肉餡，放入用芝麻油熱鍋的平底鍋中，雙面煎至金黃，再加入糖醋醬煮熟。
2 人份＝醬料 5 大匙

拔絲地瓜

將地瓜塊泡水約 10 分鐘後瀝乾。放入 170°C 的油中炸約 10 分鐘至金黃酥脆後撈起瀝油。在平底鍋中加熱糖醋醬和蜂蜜，稍微煮至濃稠後，放入地瓜均勻裹上糖漿後盛盤，撒上黑芝麻。
地瓜 250 克＝醬料 5 大匙

糖醋蒸鰈魚

在耐熱容器底部鋪上白菜段和甜椒片，再放入鰈魚片，加入蔥段、薑片、料理酒、鹽和白胡椒，封上保鮮膜，放入蒸鍋加熱 5 分鐘，再淋上糖醋醬並撒些蒜片即可享用。
2 人份＝醬料 5 大匙

糖醋燴飯

將沙拉油倒入平底鍋中加熱，加入蛋液和米飯，快速翻炒至米飯粒粒分明。加入火腿、萵苣和青蔥（都切小丁），再加入鹽和白胡椒拌勻，盛盤淋上糖醋醬。
2 人份＝醬料 5 大匙

酥炸蝦仁餛飩

在碗中放入蝦仁碎、薑末、蔥末、鹽、白胡椒、料理酒拌勻。將餡料放在餛飩皮上，壓緊封口，放入 180°C 的油中炸至金黃酥脆，盛盤後淋上糖醋醬。
2 人份＝醬料 5 大匙

難以抗拒的酸甜美味！
蟹肉烘蛋

〔中・韓・南洋風味〕萬用醬汁

材料（2人份）
雞蛋⋯⋯4顆
胡蘿蔔（切絲）⋯⋯15克
木耳（乾燥/切絲）⋯⋯2克
A｜蟹肉⋯⋯80克
　｜青蔥（切絲）⋯⋯15克
　｜牛奶⋯⋯3大匙
　｜鹽⋯⋯1/4小匙
　｜料理酒⋯⋯2小匙
　｜胡椒⋯⋯少許
糖醋醬（P56）⋯⋯120毫升
沙拉油⋯⋯1大匙
鹽煮毛豆⋯⋯20粒

製作方法
1 在鍋中加水（200毫升）和鹽，用中火煮沸後加入胡蘿蔔煮約2分鐘。木耳則用水泡軟。（此步驟的水、鹽皆為分量外）

2 在碗中加入蛋白（1顆），用攪拌器攪打至發泡。在另一個碗中加入剩餘蛋液和蛋黃拌勻後，加入A和1攪拌，再倒入打發蛋白，輕輕拌勻。

3 在直徑18公分的平底鍋中倒入沙拉油（一半分量）以高溫加熱。將2的一半分量倒入鍋中，充分攪拌。待蛋液半熟後翻面，繼續煎至全體蓬鬆且蛋液熟透。將剩餘食材以相同方式再煎一個蟹肉烘蛋。

4 糖醋醬以中火加熱至沸騰。

5 將3盛盤，放上毛豆仁淋上4。

調味前的烹調祕訣 1
加入打發蛋白可以使蟹肉烘蛋更加蓬鬆柔軟。

調味前的烹調祕訣 2
在煎蛋時，一邊將平底鍋畫圓搖晃，可以防止沾黏，並使其均勻受熱，煎出漂亮的外觀。

吃了就上癮！
酸辣湯

材料（2人份）
冬粉……10克
蔥花……1 大匙
蟹肉……20 克
火腿（切細）……1 片
A｜雞高湯……300 毫升
　｜醬油……1/2 小匙
糖醋醬（P56）……100 毫升
豆芽菜……20 克
嫩豆腐（切成 0.5 公分寬、3 公分長）
　……40 克
雞蛋……1 顆
B｜鹽、醋、粗磨黑胡椒……各少許
芝麻油……1 小匙
辣油……1 小匙
香菜（粗略切碎）……1 枝
粗磨黑胡椒……少許

製作方法

1. 將冬粉用溫水（分量外）浸泡約 10 分鐘，泡軟後切成 3 公分長。

2. 在鍋中倒入芝麻油用中火加熱，放入蔥花爆香。加入蟹肉和火腿炒熱後，再加入 A 和糖醋醬。煮沸後加入 1、豆芽菜、嫩豆腐，煮約 2 分鐘。轉小火，將蛋液如細絲一樣慢慢倒入。最後加入 B 調味。

3. 將 2 盛盤，淋上辣油，以香菜裝飾，撒上粗磨黑胡椒。

烹調祕訣 1
雞高湯的味道會因廠牌而異，因此要再以鹽調味。

烹調祕訣 2
酸辣湯可按自己喜歡的酸辣程度，調整粗磨黑胡椒、醋和辣油。

芝麻醬

拌麵、涼拌豆腐等皆可使用，只要拌勻即可輕鬆完成。
芝麻的香氣和醋的酸味完美融合。

白芝麻醬 3 大匙
砂糖 1 小匙 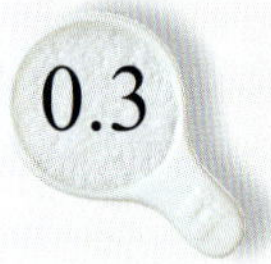
醋 1 大匙
薄鹽醬油 1 大匙
雞高湯 2 大匙
芝麻油 1 小匙

完成量：約 7 大匙

冷藏保存 4 天

製作方法
將所有調味料混合均勻。

PART 1 〔中‧韓‧南洋風味〕萬用醬汁

芝麻的香氣和肉的鮮味在口中蔓延！

涼拌雞

材料（2人份）

A｜雞腿肉……1 大塊（400 克）
　｜青蔥（蔥綠部分／切段）……1 根
　｜生薑（切薄片）……2 片
　｜料理酒……2 大匙
　｜鹽……少許
芝麻醬（如左）……3 大匙
辣油……少許
豆苗……30 克

製作方法

1. 將 A 放入耐熱盤中，鬆鬆地蓋上保鮮膜，放入已經煮滾水的蒸鍋中，以小火蒸約 12 分鐘。蒸好後放涼。
2. 將 1 的雞肉放入塑膠袋中，用擀麵棍輕敲後，用菜刀切成薄片。
3. 將芝麻醬和辣油均勻混合。
4. 將 2 和豆苗盛盤，淋上 3。

調味前的烹調祕訣
將雞肉放入塑膠袋中，用擀麵棍稍微敲打，可以讓醬汁更入味，雞肉更美味。

芝麻醬包裹著麵條，非常有分量！

芝麻醬拌涼麵

材料（2人份）

油麵……2 人份
豆芽菜……50 克
雞蛋……1 顆
鹽……1 小撮
芝麻醬（如左）……4 大匙
A｜醋……1 大匙
　｜醬油……1 大匙
小黃瓜（切絲）……1/2 根
叉燒（切細）……50 克
番茄（縱切半後，切薄片）……1 個
黃芥末醬……1 小匙

調味前的烹調祕訣
將麵條撈起後，盡可能瀝乾多餘水分，可避免麵條過於軟爛。

製作方法

1. 鍋中加水煮沸後加鹽（分量外），放入豆芽菜，以中火煮約 1 分鐘後撈起放在濾網上放涼。將芝麻醬和 A 混合均勻。
2. 在碗中打入雞蛋和鹽拌勻，平底鍋中倒入沙拉油（分量外），用小火熱鍋，倒入一半蛋液，均勻鋪開。待蛋液凝固後，翻面煎熟，取出備用。重複同樣步驟，製作另一張蛋皮。分別切成 4 公分長的細絲。
3. 在鍋中加水煮沸，放入油麵，並按照包裝指示時間煮熟。撈起後用冷水沖涼、瀝乾。
4. 將 3 盛盤，放上小黃瓜、豆芽菜、叉燒、蛋絲、番茄，淋上 1 的醬汁並配上黃芥末醬。

這些料理也適用！

蓮藕青江菜沙拉

蓮藕（去皮切薄片）泡水後，用鹽水煮熟。青江菜（切成 1 公分寬、4 公分長）用鹽水煮熟。將蔬菜的水分瀝乾，用芝麻醬拌勻。
2 人份＝醬汁 3 大匙

芝麻醬豬丼

牛蒡（用削皮器削成薄片）泡水後擦乾。在鍋中倒入芝麻油加熱，放入牛蒡和豬肉片炒熟。加入芝麻醬、韭菜（切 3 公分長）拌勻後，盛放在裝有白飯的碗中。
2 人份＝醬汁 4 大匙

鯛魚蔥卷

在鯛魚（生魚片用／斜切成薄片）上放蔥絲（切成 3 公分長）之後捲起來，擺放在盤中，再淋上芝麻醬、放上檸檬片。
鯛魚 80 克＝醬汁 2 大匙

擔擔什錦火鍋

鍋中加入芝麻油、韓式辣椒醬、豬絞肉翻炒，加入雞高湯攪拌均勻。放入芝麻醬、嫩豆腐、白菜、鹽漬鱈魚（各切成 3 公分塊狀）、鴻禧菇（剝成大塊）煮約 5 分鐘，最後加入豆芽菜、水芹菜（切成 4 公分長）和辣油。
2 人份＝醬汁 3 大匙

味噌炒茄子雞肉

茄子（滾刀切塊）泡水 10 分鐘後擦乾。在平底鍋中倒入芝麻油熱鍋，加入撒上鹽、胡椒的雞腿肉（切 2 公分塊）、茄子煎至變成焦糖色，再加入青椒（滾刀切塊）拌炒。最後加入芝麻醬拌炒均勻。
2 人份＝醬汁 3 大匙

茄汁辣椒醬

這是一款以番茄醬為基底，加入辛香料和豆瓣醬製成的醬料，可製作出風味濃郁的料理。

- **豆瓣醬** 2 小匙（0.6）
- **番茄醬** 6 大匙（6）
- **醋** 1 大匙（1）
- **料理酒** 1 大匙（1）
- **雞高湯** 6 大匙（6）
- **太白粉** 1 小匙（0.3）
- **大蒜**（切末）1 小匙
- **生薑**（切末）1/2 大匙 
- **蔥**（切末）2 大匙 
- 鹽少許、沙拉油 2 小匙

完成量：約 200 毫升

冷藏保存 4 天

製作方法

平底鍋中倒入沙拉油，用中小火熱鍋。加入蒜末、薑末和蔥末炒香。接著加入豆瓣醬拌炒均勻，再加入剩下的調味料，一邊攪拌一邊煮至濃稠狀即可。

PART 1 〔中・韓・南洋風味〕萬用醬汁

蝦與辛辣醬汁的組合，美味無比！

乾燒蝦仁

材料（2 人份）

- 蝦仁（帶殼）⋯⋯250 克
- A｜蛋白⋯⋯1/3 顆
  ｜太白粉⋯⋯2 小匙
  ｜沙拉油⋯⋯1 小匙
- 蔥花⋯⋯1 大匙
- 茄汁辣椒醬（如左）⋯⋯200 毫升
- 沙拉油⋯⋯2 小匙

製作方法

1. 將蝦子去頭、挑腸泥，蝦殼剝掉只留下尾殼。將蝦子和 **A** 放入碗中，拌勻。
2. 在平底鍋倒入沙拉油用中火加熱，將 **1** 擺入鍋中，煎至兩面香氣四溢。
3. 在 **2** 中加入蔥花後翻炒均勻。最後加入茄汁辣椒醬，持續翻炒至蝦子熟透。

調味前的烹調祕訣

將蝦子裹上蛋白、太白粉和沙拉油，可以防止蝦子黏鍋，並使醬汁更容易附著，口感也更加柔軟。

辛辣醬汁和柔滑雞蛋的完美融合！

雞肉芹菜辣椒醬炒蛋

材料（2 人份）

- 雞腿肉⋯⋯1 片（250 克）
- 鹽、胡椒⋯⋯各少許
- 西洋芹（去粗絲，斜切 0.5 公分寬）⋯⋯1 根
- 茄汁辣椒醬（如左）⋯⋯150 毫升
- 雞蛋⋯⋯1 顆
- 芝麻油⋯⋯2 小匙

製作方法

1. 將雞腿肉切成 3 公分大小的塊狀，裹上鹽和胡椒。
2. 在平底鍋中倒入芝麻油（一半分量）以中火加熱，放入 **1** 將兩面煎熟。當雞肉快熟透時，擦去多餘油脂，再加入剩餘的芝麻油和西洋芹，均勻翻炒至熟透。
3. 在 **2** 中加入茄汁辣椒醬，當所有食材與醬汁混勻後，加入攪拌好的蛋液，大力攪拌均勻。

調味前的烹調祕訣

炒雞肉時可用廚房紙巾拭去釋出的油脂，再加入芝麻油炒香西洋芹，可以避免油膩腥味，讓料理吃起來更清爽。

這些料理也適用！

燴炒油豆腐

在平底鍋中加入芝麻油、生薑末炒香，再加入油豆腐（切成 3 公分塊狀）、青蔥、香菇（都斜切成薄片），鋪開炒至兩面上色。加入醬油：茄汁辣椒醬（1：6）翻炒均勻。

2 人份＝醬料 2 大匙

蒸雞肉拌小黃瓜

在碗中均勻混合茄汁辣椒醬：魚露：檸檬汁（6：0.5：1），加入小黃瓜、西洋芹和蒸雞肉（均斜切成薄片）拌勻。盛盤後，撒上香菜碎。

2 人份＝醬料 2 大匙

香煎鯛魚

在鯛魚片上撒鹽和胡椒粉，放入用沙拉油熱鍋的平底鍋，煎至兩面金黃。在平底鍋剩餘空間放入洋蔥末炒香，再加入茄汁辣椒醬和羅勒葉絲。

鯛魚（切片）2 片＝醬料 3 大匙

茄汁辣椒醬納豆春卷

將納豆和茄汁辣椒醬放入碗中拌勻。將春卷皮（切半）邊緣塗麵粉水。將納豆放在前面，捲一圈，壓住兩端，捲成棒狀。放入 180℃ 的油中炸至金黃酥脆。

納豆 1 包＝醬料 2 大匙

金平牛蒡胡蘿蔔

將牛蒡絲放入水中浸泡 5 分鐘撈起瀝乾。在平底鍋中倒入芝麻油加熱，放入牛蒡絲和胡蘿蔔絲慢慢炒熟。加入茄汁辣椒醬，拌炒均勻

2 人份＝醬料 2 大匙

麻辣醬

以豆瓣醬和辣油調和，讓人上癮的辛辣醬汁！可廣泛應用於炒肉或拌菜中。

豆瓣醬 1 小匙

辣油 1/2 小匙

砂糖 1 小匙

醋 2 大匙

醬油 4 大匙

完成量：約 7 大匙

冷藏保存 2 週

製作方法
將所有的調味料混合均勻。

加一道手續，讓豆腐香氣四溢！

麻辣豆腐排

材料（2 人份）

板豆腐……1 塊（300 克）
麵粉……1 大匙
鴻禧菇（剝開）……80 克
麻辣醬（如左）……3 大匙
蔥花……2 大匙
芝麻油……1 大匙

製作方法

1 將豆腐橫向切半，再將厚度片成一半，用紙巾將豆腐表面的水分擦乾，然後裹上麵粉。

2 在平底鍋中倒入芝麻油，以中大火加熱，將 1 排列於鍋中煎，同時在鍋邊炒香鴻禧菇。待食材整體上色後，加入麻辣醬拌炒均勻。

3 將 2 盛盤，最後撒上蔥花。

調味前的烹調祕訣
將豆腐的水分徹底擦乾，可以讓麵粉均勻裹附，更容易煎上色、煎出香脆口感。

麻辣醬帶來無法抵擋的美味！

辣炒南瓜豬肉

材料（2 人份）

豬肉片……250 克
A｜鹽、黑胡椒……各少許
　｜料理酒……1 小匙
　｜太白粉……1 小匙
南瓜（切 0.5 公分寬的月牙形）……200 克
麻辣醬（如左）……4 大匙
芝麻油……1 大匙

製作方法

1 將 A 均勻塗抹在豬肉片上。

2 在平底鍋中倒入芝麻油，以中火加熱，將南瓜排列於鍋中，煎至竹籤可以輕易穿透為止，再依序取出。

3 將 1 攤平放入 2 的平底鍋中，煎至香氣四溢。

4 將煎南瓜放回鍋中，再加入麻辣醬拌勻即可。

調味前的烹調祕訣
將料理酒塗抹於豬肉上，不僅能去腥，還可以防止豬肉在拌炒時黏在一起。而裹上太白粉，則可以讓醬汁更容易附著，增加濃稠度。

這些料理也適用！

鍋燒麻辣烏龍麵

將麻辣醬、第二次高湯（P19）、牛肉片放入鍋中，煮沸後撈除浮沫。加入魚板、青蔥（都斜切）、舞菇（剝大塊）、烏龍麵煮熟後，打入雞蛋。盛盤，撒上鴨兒芹（切3公分長）。

2人份＝醬汁3大匙

辣炒櫻花蝦蒟蒻

將蒟蒻（手撕成拇指大小）先煮沸後，擦乾水分。在鍋中倒入芝麻油加熱，加入櫻花蝦和蒟蒻拌炒，再加入麻辣醬炒勻即可。

蒟蒻150克＝醬汁2大匙

辣味照燒鰤魚

在鰤魚片上撒鹽，靜置10分鐘後擦乾，裹上麵粉。在平底鍋中倒入芝麻油加熱，將鰤魚兩面煎至金黃，同時在鍋邊煎蔥段（4公分長）和糯米椒。最後加入麻辣醬煮至入味。

鰤魚（切片）2片＝醬汁2大匙

麻辣炸雞沙拉

將紅洋蔥片泡水後瀝乾。在容器中放入萵苣（撕成一口大小），以及紅洋蔥、水煮蛋、炸雞、番茄（皆切成2公分大小），並淋上麻辣醬，最後以蔥絲裝飾。

2人份＝醬汁3大匙

麻辣卡布里沙拉

將酪梨、莫札瑞拉起司、番茄都切成0.5公分寬的片狀，交錯排列在盤上，淋上麻辣醬，再撒上羅勒絲即可。

2人份＝醬汁2大匙

萬能五香醬

富含蔥、薑、蒜風味，搭配油炸、蒸煮、涼拌料理，都很對味的萬用醬汁。

1 砂糖 1 大匙

2 醋 2 大匙

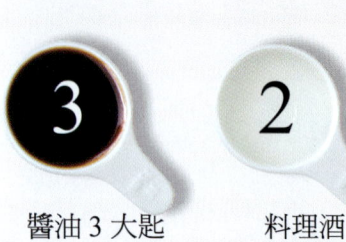

3 醬油 3 大匙

2 料理酒 2 大匙
（不蓋保鮮膜，直接微波加熱約 10 秒至冒出蒸氣）

1 芝麻油 1 大匙

大蒜（切末）1 小匙

生薑（切末）1/2 大匙

蔥（切末）3 大匙

完成量：約 150 毫升

冷藏保存 4 天

製作方法
將所有材料混合均勻即可。

PART 1 〔中・韓・南洋風味〕萬用醬汁

鹹甜醬汁滲入肉中！

油淋雞

材料（2 人份）

雞腿肉……1 大塊（400 克）
A│醬油……2 小匙
　│料理酒……1 大匙
太白粉……2 大匙
麵粉……2 大匙
萬能五香醬……4 大匙
炸油……適量

製作方法

1. 用刀尖將雞腿肉輕輕刺幾下，再切成 6 等分，撒上 A 後，用手充分揉勻，再均勻裹上混好的太白粉與麵粉。
2. 將油加熱至 180°C，放入 1 油炸 4～5 分鐘，直到熟透。將溫度升至 200°C，二次油炸後，取出放在網上確實將油瀝乾。
3. 將 2 裝入盤中，最後淋上萬能五香醬汁享用。

調味前的烹調祕訣
將雞肉用刀尖輕輕刺幾下，可以讓雞肉更快熟，並且更容易入味。

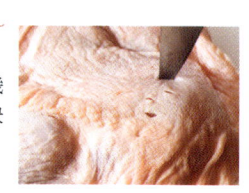

淋上熱油，香氣四溢！

清蒸魚

材料（2 人份）

鯛魚片……2 片
鹽……1/4 小匙
白菜……1 片
（切成 0.5 公分寬、4 公分長）
金針菇……80 克
（去蒂、對半切）
A│醬油……1 小匙
　│料理酒……1 大匙
芝麻油……2 小匙
萬能五香醬……4 大匙
香菜（粗略切碎）……1 枝

製作方法

1. 將鯛魚片抹鹽，靜置約 10 分鐘，然後擦乾水分。
2. 將鯛魚、白菜、金針菇放入耐熱盤中，淋上 A。放入水已經煮沸的蒸鍋中，以中火蒸約 10 分鐘。
3. 將 2 取出盛盤，淋上萬能五香醬後，另起油鍋將芝麻油加熱，淋上魚身，最後撒上香菜。

烹調祕訣
蒸煮料理最後淋上熱油，可以增添香氣，讓風味更上一層樓。

這些料理也適用！

涮牛肉沙拉

將高麗菜（切成一口大小）以鹽水煮熟瀝乾。將牛肉片在 90°C 熱水中快速汆燙後瀝乾。將高麗菜、牛肉、番茄（切成月牙形）盛盤，最後淋上萬能五香醬。
2 人份＝醬汁 3 大匙

茄子佐萬能五香醬

將茄子（去皮後切成月牙形）泡水約 10 分鐘。將茄子排列在耐熱容器中，蓋上保鮮膜，微波加熱 3 分鐘。趁熱淋上萬能五香醬，並撒上花生（粗略切碎）裝飾。
茄子 2 根＝醬汁 3 大匙

鰹魚半敲燒

將可生食的鰹魚塊撒鹽，放入用沙拉油熱鍋的平底鍋中，大火煎過表面。放入冰水中再撈起擦乾。以一刀不切斷，一刀切斷的方式，切成中間有一道切口的魚片，在切口中夾入蒜片，與日本薑絲、紫蘇葉絲一起盛盤，最後淋上萬能五香醬。
鰹魚 150 克＝醬汁 3 大匙

萬能五香醬炒魷魚

在平底鍋中倒入沙拉油加熱，放入魷魚卷（切出大小均勻的斜格刀痕，再切成一口大小），與蔥段（4 公分長）一起翻炒，淋上萬能五香醬。
魷魚卷 150 克＝醬汁 3 大匙

湯豆腐

將昆布和水放入鍋中，靜置約 1 小時後開火加熱。沸騰後加入切成 3 公分長的水菜和 3 公分塊狀的嫩豆腐，關火後靜置約 3 分鐘，瀝乾並盛盤，最後淋上萬能五香醬。
嫩豆腐一塊（300 克）＝醬汁 3 大匙

韓式辣椒醬

以韓式辣醬的鹹甜味調配而成，加入蒜頭和芝麻，更增香氣！用來做為燒肉沾醬也很好吃。

韓國辣醬 3 大匙

醋 2 小匙

醬油 2 小匙

芝麻油 1 大匙

白芝麻 2 小匙

大蒜（蒜泥）1/2 小匙

完成量：約 6 大匙

冷藏保存 2 週

製作方法
將所有材料混合均勻即可。

PART 1 〔中・韓・南洋風味〕萬用醬汁

鹹甜醬搭配爽脆蔬菜，吃得超滿足！

韓式拌飯

材料（2 人份）
豆芽菜……80 克
菠菜……60 克
A｜白芝麻・鹽・醋・胡椒・芝麻油……各少許
B｜鹽・胡椒・芝麻油……各少許
牛肉（燒烤用／切 0.5 公分寬）……100 克
韓式辣椒醬（如左）……3 大匙
蕨菜（水煮／切 3 公分長段）……100 克
白飯……2 碗
蛋黃……2 顆
芝麻油……1 小匙
辣椒絲……少許

製作方法
1. 將豆芽菜和菠菜分別用鹽水煮熟，瀝乾水分。豆芽菜加入 A 拌勻；菠菜切成 3 公分長，加入 B 拌勻。
2. 在平底鍋中倒入芝麻油（一半分量），以大火加熱。放入牛肉，翻炒約 1 分鐘。轉小火，加入韓式辣椒醬（一半分量），拌炒均勻盛盤。
3. 將剩餘的芝麻油倒入另一個平底鍋中，以中火加熱。加入蕨菜炒至熱透後，加入剩餘的韓式辣椒醬拌勻即可。
4. 在容器中鋪上 1 碗分量的白飯，將 1、2、3 食材各盛入一半分量，再放上蛋黃（1 顆），最後撒上辣椒絲裝飾。以同樣的方式再裝一份即可。

醬汁包裹著魷魚，引出鮮美滋味！

辣炒魷魚蘆筍

材料（2 人份）
魷魚……1 隻
蘆筍（削皮・斜切 3 公分段）……4 根
生薑（切末）……1 小匙
青蔥（斜切寬 0.5 公分段）……1/2 根
料理酒……1 大匙
韓式辣椒醬（如左）……4 大匙
芝麻油……2 小匙

調味前的烹調祕訣
將魷魚以大火炒過，可以去除腥味，並加入料理酒增添香氣。

製作方法
1. 將魷魚去除內臟和軟骨。身體切圈，觸手切成 4 公分長段，魷魚鰭切成 4 公分長的條狀。蘆筍用鹽水燙熟後瀝乾。
2. 平底鍋中倒入芝麻油用小火加熱，放入薑末爆香，加入蔥段炒至軟化。
3. 再把魷魚放入鍋中，用大火翻炒，淋上料理酒，炒至酒精揮發。加入韓式辣椒醬，拌炒均勻即可。
4. 將 3 盛盤，旁邊擺上蘆筍。

調味前的烹調祕訣
如果有韓式辣椒醬,只需簡單翻炒即可為蕨菜和牛肉調味。

這些料理也適用!

韓式辣椒醬鮪魚沙拉
將鮪魚生魚片用與韓式辣椒醬拌勻。將萵苣絲和小黃瓜絲用韓式辣椒醬拌勻後裝入盤中,放上鮪魚和溫泉蛋,撒上撕碎的韓國海苔享用。
鮪魚 80 克＝醬汁 1 大匙
食材 80 克＝醬汁 1 大匙

韓式烤肉
將牛肉片與韓式辣椒醬拌勻。在用沙拉油熱鍋後的烤盤上,放入牛肉、南瓜、洋蔥、杏鮑菇(都切成 0.5 公分厚片)烤熟,沾韓式辣椒醬享用。
牛肉 150 克＝醬汁 1 大匙
食材 210 克＝醬汁 2 大匙

韓式海鮮煎餅
在碗中加入麵粉、雞蛋、開水,攪拌均勻後,放入青蔥(切成 3 公分長)、綜合海鮮拌勻。放入用芝麻油熱鍋的平底鍋中,雙面煎至金黃。切成一口大小後盛盤,搭配韓式辣椒醬享用。
2 人份＝醬汁 2 大匙

韓式生菜包肉
在平底鍋中倒入芝麻油加熱,放入薑末和蔥末爆香,再加入豬絞肉炒至變色。放入香菇(切成 0.5 公分塊狀)和竹筍(水煮／切成 0.5 公分塊狀)翻炒,再加入韓式辣椒醬炒勻後盛盤,以生菜包起來食用。
2 人份＝醬汁 3 大匙

韓式辣醬拌麵
將韓國冷麵煮熟後,用冷水沖涼、瀝乾,再與韓式辣椒醬拌勻盛盤。加入水梨絲和小黃瓜絲、溫泉蛋、蔥絲、辣椒絲享用。
冷麵 1 人份＝醬汁 3 大匙

泰式魚露醬

包含酸、甜、辣等風味的南洋料理招牌醬，搭配烤肉或魚一起吃是絕配！

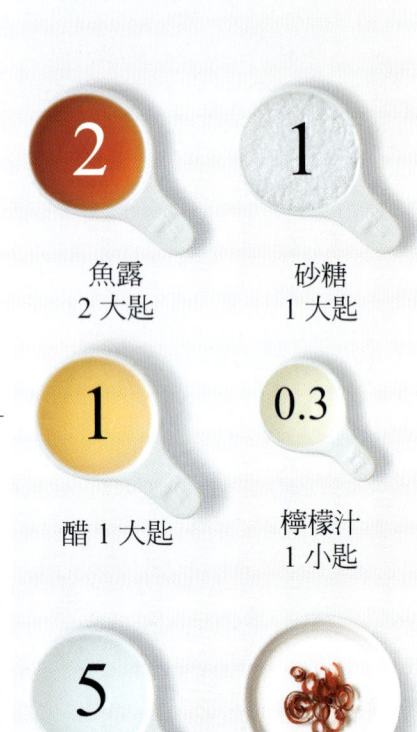

- 魚露 2 大匙
- 砂糖 1 大匙
- 醋 1 大匙
- 檸檬汁 1 小匙
- 水 5 大匙
- 紅辣椒（切圓片）1/2 條
- 大蒜（切薄片）1/2 瓣

完成量：約 135 毫升

冷藏保存 5 天

製作方法
將所有材料混合均勻即可。

PART I 〔中．韓．南洋風味〕萬用醬汁

外觀美麗，為餐桌增添亮點！

越南生春卷

材料（2 人份）
- 豬肉片⋯⋯60 克
- 豆芽菜⋯⋯60 克
- 韭菜（切 15 公分長）⋯⋯4 根
- 冬粉（乾燥）⋯⋯20 克
- 越南米紙（直徑 22 公分）⋯⋯4 張
- 香菜葉⋯⋯2 束
- 熟蝦（切成一半厚度）⋯⋯4 尾
- 生菜（切碎）⋯⋯2 片
- 泰式魚露醬（如左）⋯⋯2 大匙

製作方法
1. 將豬肉放入 75°C 的熱水中汆燙，保留湯汁，瀝乾後切成細絲。
2. 將豆芽菜以鹽水快速汆燙、瀝乾。冬粉煮約 3 分鐘、瀝乾。
3. 鋪一塊濕的乾淨布巾，放上快速過水的越南米紙，用刷子薄塗 1 的煮汁。
4. 在米紙上方 4 公分處，交錯放 2 片香菜葉和 2 片蝦肉。接著在靠近自己這邊，依序放 1/4 的生菜、豆芽菜、豬肉和冬粉，再將米紙兩端向內折，放上韭菜並讓韭菜的葉梗從蝦肉上方露出來。
5. 從米紙底部開始緊緊捲起，避免包入空氣。重複上述步驟 **3-5**，再製作 3 條。
6. 盛盤，搭配泰式魚露醬享用。

在家輕鬆享受越南美食！

越南煎餅

材料（2 人份）
- A｜烘焙米粉⋯⋯50 克
  　太白粉⋯⋯50 克
  　薑黃粉⋯⋯1/2 小匙
  　鹽⋯⋯1/2 小匙
- 椰奶⋯⋯50 克
- 氣泡水⋯⋯約 150 毫升
- B｜豬肩肉（切成 0.5 公分塊狀）⋯⋯30 克
  　綜合海鮮⋯⋯30 克
- 鹽、胡椒⋯⋯各少許
- C｜洋蔥（切碎）⋯⋯2 大匙
  　蔥（切小段）⋯⋯2 大匙
  　綜合豆（水煮）⋯⋯30 克
- 豆芽菜⋯⋯80 克
- D｜萵苣⋯⋯2 片
  　羅勒⋯⋯6 片
  　薄荷⋯⋯8 枝
  　香菜⋯⋯4 枝
  　紫蘇葉⋯⋯4 片
- 泰式魚露醬（如左）⋯⋯3 大匙
- 沙拉油⋯⋯5 小匙

製作方法
1. 將 **A** 放入碗中，中央挖個洞，倒入椰奶，從中央開始用打蛋器攪拌，再一邊加入氣泡水一邊調整濃度。如果有結塊，可以用濾網過濾。
2. 在鍋中倒入沙拉油（1/2 小匙）用中火加熱，放入 **B** 翻炒約 1 分鐘，撒上鹽、胡椒調味。
3. 取另一個平底鍋，薄薄塗一層沙拉油（分量外），以中火加熱後，倒入一半的 1，並攤平成圓形。趁麵糊凝固前，均勻放入各一半的 **C** 和 **2**，以及一半豆芽菜，蓋上鍋蓋，中小火燜煎 2-3 分鐘。接著沿鍋邊倒入 2 小匙沙拉油，轉動麵糊直到煎得香脆。
4. 最後對摺盛盤，再以同方式製作另一個煎餅後，搭配 **D** 及泰式魚露醬享用。

調味前的烹調祕訣
將豬肉的煮汁塗在越南米紙上，油脂可以延緩米紙變乾，也能增添鮮味，變得更好吃。

調味前的烹調祕訣
海鮮或豬肉經過鹽和胡椒調味，味道會更鮮明，吃起來更美味。

這些料理也適用！

沙嗲風烤雞肉串
將雞胸肉（切 2 公分塊狀）抹上泰式魚露醬醃約 10 分鐘，用竹籤串成雞肉串，排在烤盤上，放入預熱至 180℃的烤箱中烤約 7 分鐘。盛盤之後，搭配綜合生菜和泰式魚露醬享用。
雞胸肉 150 克＝醬汁 1 大匙、沾醬 2 大匙

泰式風味麵線
將麵線按照包裝指示煮熟，然後用冰水冷卻後瀝乾，裝入碗中。加上舒肥雞（用手撕碎）、小番茄（切半）、小黃瓜絲、熟蝦和香菜等，最後淋上泰式魚露醬。
麵線 2 人份＝醬汁 3 大匙

南洋風杏鮑菇燉排骨
在平底鍋中倒入沙拉油熱鍋，放入排骨（汆燙過）、杏鮑菇（手撕成大塊），以及切成 1 公分寬的彩椒和洋蔥，一起翻炒後，加入泰式魚露醬：蠔油（3：1）和水至蓋過食材，蓋上鍋蓋，燉煮至竹籤可以輕鬆插入排骨。盛盤後，撒上香菜裝飾。
2 人份＝醬汁 2 大匙

泰式酸辣牛排
牛排撒上鹽和胡椒。在平底鍋中放入奶油加熱，將牛肉兩面煎至金黃色，盛盤。將豆芽菜放入煎過牛排的鍋中炒香，加入泰式魚露醬拌勻，淋在牛排上。最後撒上蔥花。
牛肉 300 克＝醬汁 2 大匙

泰式鹽烤秋刀魚
將秋刀魚均勻抹鹽，整齊排入烤盤，放入預熱至 180℃的烤箱中，烤約 6 分鐘後盛盤。鋪上泡過水後瀝乾的洋蔥片，淋上泰式魚露醬、撒上紫蘇葉絲享用。
秋刀魚 2 條＝醬汁 2 大匙

Column

以發酵品＆蔬菜製成！實用又百搭的

自製鹽麴

塗抹在魚或肉上，就能讓食物變美味！
同時還能分解蛋白質，使肉質更柔軟。

材料（完成量 110 毫升）
乾燥米麴（或生米麴）⋯⋯50 克
鹽⋯⋯2 小匙
礦泉水⋯⋯7 大匙
（生米麴則使用 5 大匙）

製作方法
1. 將所有材料放入夾鏈袋中，混合均勻後，擠出空氣並密封。
2. 將水和 1 放入電子鍋內鍋，不蓋蓋子，保溫約 6 小時（如果有舒肥機，設定 55°C 並靜置約 4 小時）。

＊擠出空氣後，可以冷藏保存 1 個月。

可以這樣應用
- 牛腿肉先用鹽麴搓揉再燉煮，能夠在短時間內變軟嫩。
- 塗抹在雞胸肉上再烹調，做成軟嫩的鹽麴雞肉。
- 與無糖優格和橄欖油混勻，做成鹽麴沙拉醬。

醃製後烤熟就超好吃！

鹽麴烤鮭魚

材料（2 人份）
鮭魚（切片）⋯⋯2 片
自製鹽麴（如上）⋯⋯1 大匙
白蘿蔔（磨成泥）⋯⋯40 克
金桔（切半）⋯⋯1 顆
醬油⋯⋯依喜好

製作方法
1. 將鮭魚塗抹自製鹽麴後，放入密封袋中，擠出空氣並封口，再冷藏約 2 小時。
2. 將 1 擺到烤盤上，放入以 180°C 預熱的烤箱中，烤約 7 分鐘至金黃上色。
3. 將 2 盛盤，擺上白蘿蔔泥和金桔，可再依喜好淋醬油在白蘿蔔泥上。

美味調醬

在這個專欄中,要教大家使用發酵品和蔬菜來製作天然調醬!不僅能夠用於幫料理調味、增添豐厚層次,也可以讓魚、肉等肉質變得更細緻。

使用鹽麴讓肉質變嫩!
鹽麴煎豬肉

材料(2人份)
豬里肌肉塊……400 克
自製鹽麴(如左)……1 又 1/2 大匙
A│鹽……1/2 小匙
　│胡椒……適量
　│百里香……1 枝
　│迷迭香……1 枝
奶油……5 克
百里香・迷迭香……各適量

製作方法

1. 用叉子在豬肉上刺出小洞,能加速入味。將豬肉、自製鹽麴和 A 放入密封袋中,擠出空氣再封緊袋口。

2. 將水和 1 放入電子鍋內鍋,用筷子夾在鍋蓋間,上面再壓重物以防蓋子完全閉合。開啟保溫功能約 2 小時 30 分鐘,過程中翻面一次(如果有舒肥機,設定 66°C,靜置約 1 小時 50 分鐘)。

3. 從密封袋中取出肉塊,用紙巾擦拭表面水分。放入以奶油熱鍋的平底鍋中,用大火快速將表面煎上色。

4. 將 3 切成 0.5 公分的厚片,盛盤,並用百里香和迷迭香裝飾。

Column　以發酵品＆蔬菜製成！實用又百搭的美味調醬

醬油麴

不論是涼拌或燉煮都好吃，
方便使用的萬能醬。

材料（完成量 110 毫升）

乾燥米麴（或生米麴）⋯⋯50 克
醬油⋯⋯4 大匙
礦泉水⋯⋯5 大匙
（生米麴則使用 3 大匙）

製作方法

1. 將所有材料放入夾鏈袋中混勻，擠出空氣並封口。
2. 在電子鍋內鍋放入水和 **1**，不蓋蓋子，保溫約 6 小時（如果有舒肥機，設定 55℃，靜置約 4 小時）。

＊擠出空氣後，可以冷藏保存 1 個月。

可以這樣應用

- 與鮪魚丁、山葵泥拌勻成涼拌菜。
- 用來醃漬雞肉，可以使炸雞的肉質更軟嫩。
- 加入絞肉中，製作出風味更濃郁的漢堡肉

同時享受米麴與秋葵的口感！

涼拌秋葵佐醬油麴

材料（2 人份）

秋葵（去蒂）⋯⋯6 根
生薑（切絲）⋯⋯1/2 一指節長段
醬油麴（如上）⋯⋯1 小匙

製作方法

1. 將秋葵撒上鹽（分量外）搓洗去除絨毛後，快速汆燙並冷卻。瀝乾後切成 0.5 公分寬的小段。
2. 在碗中將 **1**、薑絲、醬油麴拌勻即完成。

口味濃郁,非常下飯!
雞肉丸子

材料(2人份)

A | 雞絞肉……200 克
　| 青蔥(切粗末)……15 克
　| 生薑(切末)……1/3 指節長段
　| 香菇(切粗末)……2 片
　| 太白粉……2 小匙
醬油麴(如左)……1 大匙
鵪鶉蛋(水煮)……8 顆
味醂……1 大匙
玄米油……適量
紫蘇葉……依喜好

製作方法

1. 將 **A**、醬油麴(1/2 大匙)放入碗中拌勻後,分成 8 等分,用手搓揉成丸子。
2. 在平底鍋中倒入玄米油加熱,放入 **1**,中火煎至兩面上色。蓋上鍋蓋,加熱約 5 分鐘至熟透。
3. 接著加入鵪鶉蛋、味醂、剩餘的醬油麴,煮至濃稠。
4. 依個人喜好在盤中鋪紫蘇葉,再放入 **3** 擺盤即完成。

這些料理也適用!

醬香烤鰤魚

將鰤魚片均勻抹上醬油麴、醬油、料理酒、蔥末、生薑末,放入夾鏈袋密封之後,冷藏靜置半天,再放入預熱至 180℃ 的烤箱中烤約 6 分鐘。

Column　以發酵品＆蔬菜製成！實用又百搭的美味調醬

香料番茄麴醬

番茄的酸味與米麴的鹹味相得益彰！
加入自己喜歡的香料，
製作出專屬的獨特風味。

材料（完成量 300 毫升）

切塊番茄罐頭（水煮）……250 克
乾燥米麴（或生米麴）……80 克
鹽……1 小匙
香料粉（例如胡椒、肉豆蔻、丁香等，
　依個人喜好）……適量
礦泉水……2 大匙
（若使用生米麴，則不加）

製作方法

1 將所有材料放入夾鏈袋中混勻後，擠出空氣並封緊袋口。

2 在電子鍋內鍋放入水和 1，不蓋蓋子，保溫約 6 小時（如果有舒肥機，設定 55°C，靜置約 4 小時）。

3 用手在夾鏈袋上按壓混勻至自己喜歡的稠度。

＊擠出空氣後，可以冷藏保存 2 週。

可以這樣應用

・加入拿坡里義大利麵中，提升風味的豐富性。
・作為乾燒蝦仁的醬汁使用。
・淋在煎過的油豆腐上，增添風味變化。

豬肉搭配發酵過的酸度，美味至極！

番茄豬肉片

材料（2 人份）

豬里肌肉（切成 1 公分厚，並斷筋）……300 克
A ｜鹽・胡椒……各少許
　　麵粉……2 小匙
洋蔥（切成薄片）……3/5 個（100 克）
B ｜白葡萄酒……1 大匙
　　西式雞高湯……100 毫升
　　醬油……1 小匙
香料番茄麴醬（如上）……4 大匙
奶油……適量
綜合貝比生菜……30 克

製作方法

1 將豬肉均勻裹上 A，放入用奶油熱鍋的平底鍋中，中火煎至兩面金黃、出現香氣。在平底鍋邊緣放入洋蔥，炒至上色。

2 在 1 中加入 B 與香料番茄麴醬，拌炒至酒精揮發。

3 將 2 與綜合貝比生菜盛盤。

滑嫩雞蛋與番茄酸味的完美組合！
簡易版歐姆蛋包飯

材料（2人份）

雞腿肉（切成1公分塊狀）⋯⋯100克
A｜鹽・胡椒⋯⋯各適量
奶油⋯⋯10克
B｜洋蔥（切1公分塊狀）⋯⋯1/3顆
　｜青椒（切1公分塊狀）⋯⋯1顆
　｜蘑菇（切1公分塊狀）⋯⋯2顆
香料番茄麴醬（如左）⋯⋯9大匙
溫熱的白飯⋯⋯300克
雞蛋⋯⋯3顆
C｜鹽⋯⋯1克
　｜胡椒⋯⋯少許

製作方法

1 將雞腿肉均勻裹上 A。
2 在平底鍋中放入奶油（5克）加熱，放入 1 後轉中火，再依序放入 B 的材料，炒至軟化。
3 將香料番茄麴醬（5大匙）和白飯加入 2 中，翻炒 1～2 分鐘，用鹽和胡椒（分量外）調味後，盛盤。
4 在碗中打入雞蛋，加入 C 拌勻。將剩餘的奶油放入熱平底鍋中，倒入蛋液，用小火攪拌至半熟時，倒在 3 上，再淋剩餘的香料番茄麴醬。

Column　以發酵品&蔬菜製成！實用又百搭的美味調醬

鹽漬檸檬

檸檬的清新風味，無論是淋在生魚片上，還是加入燉菜中都很美味。

材料（完成量 210 克）
檸檬（去蒂去籽，將皮和果肉切碎）……2 顆
鹽……1 大匙

製作方法
將檸檬、鹽放入夾鏈袋中，擠出空氣後密封，放置室溫 2 天（炎熱天氣時放冰箱冷藏）。

＊擠出空氣後，可以冷藏保存 1 個月。

可以這樣應用

・製作成蝦仁和鹽漬檸檬的義大利麵，清爽開胃。
・加入豬絞肉中，製作出風味豐富的餃子。
・與高麗菜絲混合，做成日式淺漬小菜。

檸檬和鯛魚完美搭配，清新可口！

義式鯛魚涼拌冷盤

材料（2 人份）
鯛魚生魚片（斜切片）……150 克
鹽漬檸檬（如上）……2 大匙
A｜紅洋蔥（切粗末）……20 克
　｜橄欖油……1 大匙
　｜小番茄（切成 0.5 公分塊狀）……4 顆
　｜胡椒……少許
新鮮香草（如義大利香芹或山蘿蔔葉／略切碎）……適量

製作方法
將鯛魚生魚片平鋪在盤中，淋上鹽漬檸檬和混合好的 A，撒上喜歡的香草即可享用。

香料的香氣與檸檬的酸味令人欲罷不能！
鹽漬檸檬燉雞

材料（2人份）

A ｜ 帶骨雞肉(切塊)⋯⋯300克
　　大蒜(切成末)⋯⋯1/3 瓣
　　生薑(切成末)⋯⋯1/3 指節長段
　　薑黃(粉末)⋯⋯1 小匙
　　綠橄欖⋯⋯6 顆
鹽漬檸檬(如左)⋯⋯2 大匙
橄欖油⋯⋯適量
洋蔥(切粗末)⋯⋯1/2 顆
水⋯⋯200 毫升
鹽・胡椒⋯⋯各適量
義大利香芹(略切碎)⋯⋯依喜好

製作方法

1. 將 A 和鹽漬檸檬放入碗中混勻，靜置 10 分鐘。

2. 在平底鍋中倒入橄欖油加熱，取出 1 的雞肉，雞皮面朝下放入鍋中，轉中火，煎至雞肉開始變色時，加入洋蔥炒至水分蒸發，再放入 1 剩餘的材料和水。

3. 蓋上鍋蓋，小火燉煮約 15 分鐘，再加入鹽和胡椒調味。

4. 將 3 盛盤，按照個人喜好撒上義大利香芹碎等香草。

Column　以發酵品＆蔬菜製成！實用又百搭的美味調醬

醋漬洋蔥

以蜂蜜中和酸味，
可以做出酸甜的清爽醬汁或醬料。

材料（完成量 400 毫升）

洋蔥（切粗末）……1 顆
醋……200 毫升
蜂蜜……2 大匙

製作方法

1. 將洋蔥切好，平鋪在砧板上約 15 分鐘（讓洋蔥接觸空氣，使其中的二烯丙基二硫化物轉化為蒜素，有助於消除疲勞並提高維生素 B_1 的吸收）。

2. 把 1 和剩餘材料放入碗中混勻，再放到密封容器中，冷藏靜置半天。

＊可冷藏保存 1 個月。

可以這樣應用

- 炒馬鈴薯佐醋漬洋蔥，清爽解膩。
- 將豬肉與醬油、味醂和醋漬洋蔥一起煮，做成口味清爽的燉菜。
- 將炸小竹莢魚漬入醋漬洋蔥、醬油和紅辣椒中，做成南蠻漬。

放在飯上，做成獨具特色的納豆拌飯！

醋漬洋蔥納豆

材料（2 人份）

納豆（顆粒）……2 包
醋漬洋蔥（加上）……2 大匙
醬油……4 小匙
蔥花……2 根

製作方法

1. 將納豆放入碗中，充分攪拌至黏稠狀，再加入醋漬洋蔥和醬油攪拌均勻。

2. 將 1 盛盤，最後撒蔥花即可。

既是配料也是醬汁的萬用調醬！
洋蔥漢堡排

材料（2人份）

A | 豬絞肉……250克
  | 麵包粉……2大匙
  | 鹽……1/3小匙
  | 胡椒……少許
  | 醋漬洋蔥(如左)……2大匙

紫蘇葉……2片

B | 醬油……1大匙
  | 山藥(磨成泥)……1/10根
  | 醋漬洋蔥(如左)……4大匙

芝麻油……適量

製作方法

1. 將 A 放入碗中攪拌均勻，分成兩份，用手捏成橢圓形。

2. 在平底鍋中倒入芝麻油加熱，放入 1 並蓋上鍋蓋。中小火煎約 5 分鐘後翻面，再煎大約 5 分鐘。

3. 在盤中鋪上紫蘇葉，放上 2，淋上混合好的 B 即可。

Column　以發酵品&蔬菜製成！實用又百搭的美味調醬

鹽漬胡蘿蔔絲

可用於沙拉、湯品等各式各樣的料理調味，或增加料理的色彩。

材料（完成量 150 克）
胡蘿蔔（切絲）……1 根
鹽……2/3 小匙

製作方法
將所有材料放入夾鏈袋中混勻，擠出空氣並密封。靜置於陽光不會直射的室溫下 2～3 天（冬季 4～5 天）。待出現發酵的香氣即完成。

＊擠出空氣後，可以冷藏保存 3 週。

可以這樣應用

・加入韓式煎餅的麵糊裡，做成清爽的海鮮煎餅。
・切碎後與米飯一起拌炒，製作成風味豐富的炒飯。
・與豬肉、泡菜一起拌炒後燉煮，製作成味道濃郁的火鍋。

爽脆的口感讓人忍不住掃盤！

涼拌胡蘿蔔高麗菜

材料（2 人份）
鹽漬胡蘿蔔絲（如上）……30 克
A｜高麗菜（切絲）……2 片
　｜甜玉米粒（罐頭）……20 克
　｜日式美乃滋……1 大匙
鹽・胡椒……各適量

製作方法
將鹽漬胡蘿蔔絲、A 放入碗中攪拌均勻，靜置約 10 分鐘軟化後，用鹽和胡椒調味。

蔬菜的鮮味十足！
什穀蔬菜湯

材料（2人份）

A｜火腿（切絲，約4公分長）⋯⋯40克
　｜青蔥（切絲，約4公分長）⋯⋯1/2根
　｜牛蒡（切絲，約4公分長）⋯⋯1/3根
橄欖油⋯⋯2小匙
B｜西式雞高湯⋯⋯800毫升
　｜什穀⋯⋯30克
鹽漬胡蘿蔔絲（如左）⋯⋯40克

製作方法

1. 在鍋中倒入橄欖油加熱，轉中火，將A依序加入鍋中拌炒。
2. 炒至食材軟化後，加入B和鹽漬胡蘿蔔絲，蓋上鍋蓋，小火燉煮約20分鐘。

這些料理也適用！

韓式涼拌胡蘿蔔豆芽菜

在平底鍋中倒入芝麻油，以中火加熱，放入鹽漬胡蘿蔔絲炒至水分蒸發，取出放涼，再加入汆燙放涼的豆芽菜，撒上白芝麻和粗磨黑胡椒拌勻即可。

Column　以發酵品&蔬菜製成！實用又百搭的美味調醬

韓式醃小黃瓜

只要將小黃瓜切好，與其他材料混合即可！
淡淡的鹹味和生薑的風味，搭配任何料理都很合適！

材料（350 克）
黃瓜（縱切半，再切成 0.5 公分斜片）……2 根
生薑（切薄片）……2 片
鹽……2 小匙
礦泉水……190 毫升

製作方法
將所有材料放入夾鏈袋中混勻，擠出空氣並密封袋口。靜置於陽光不會直射的室溫下 3 天（冬季 5 天），直到出現發酵的香氣且液體變濁即完成。

＊擠出空氣後，可以冷藏保存 2 週。

可以這樣應用

・加入冷麵的湯中，製作成正宗韓國冷麵。
・與調味佐料一起切碎，加入調味醬汁、味噌和水製成冷湯。
・與竹輪片和芝麻油一起拌炒後享用。

開胃可口，夏天吃也清爽不膩！
沖繩風豆腐拌小黃瓜

材料（2 人份）
板豆腐（瀝乾後切約寬 3 x 長 4 x 厚 1 公分的片狀）……2/3 塊（200 克）
韓式醃小黃瓜（如上／含湯汁）……120 克
日本薑（切絲）……適量

製作方法
將豆腐放入容器中，倒入韓式醃小黃瓜，並放上日本薑絲。

外觀和美味都充滿驚喜感！
酪梨起司小黃瓜

材料（2 人份）
韓式醃小黃瓜（如左／切 1 公分塊狀）……30 克
A｜莫札瑞拉起司（切 1 公分塊狀）……30 克
　｜柚子胡椒……1/2 小匙
　｜橄欖油……1 小匙
鹽・胡椒……各少許
酪梨（先將底部稍微切平，避免滾動後，對半切再去籽）……1 顆

製作方法
將韓式醃小黃瓜、A 放入碗中拌勻，加入鹽和胡椒調味後，裝入酪梨的凹陷處。

這些料理也適用！

韓式辣豬肉湯
在鍋中倒入芝麻油，用中火加熱，放入豬肉片、洋蔥片炒至變色，加入雞高湯、韓國辣醬、板豆腐（切 2 公分塊），以小火煮約 3 分鐘。最後放入韭菜（3 公分長段）和韓式醃小黃瓜（含湯汁）煮沸。

Column　以發酵品＆蔬菜製成！實用又百搭的美味調醬

發酵味噌醬

風味濃郁的味噌醬，烹調時加一點點，就能做出豐富風味。

材料（完成量 80 毫升）
甘麴（見 P87）……3 大匙
喜歡的味噌……3 大匙

製作方法
將甘麴加入味噌中攪拌均勻。

＊可以冷藏保存 2 週。

可以這樣應用

- 用麻油炒茄子和豬肉後，加發酵味噌醬拌勻，做成味噌炒茄子豬肉。
- 塗在蒟蒻串和豆腐上烤，簡單就好吃。
- 塗在飯糰上烤，再包紫蘇葉，做成美味的味噌烤飯糰。

味噌醬與雞蛋完美融合，美味無比！

溫泉蛋佐味噌醬

材料（2 人份）
溫泉蛋……2 顆
發酵味噌醬（如上）……4 小匙
日本山椒葉……適量

製作方法
將溫泉蛋打入容器中，加入發酵味噌醬，最後放上日本山椒葉即可。

適合配飯或佐酒的小菜！
味噌拌生竹莢魚泥

材料（2人份）
發酵味噌醬（如左）……2大匙
A｜竹莢魚（生魚片／切碎）……120克
　｜洋蔥（切末）……10克
　｜日本薑（切末）……1/3根
　｜生薑（切末）……1/3指節長段
　｜紫蘇葉（切末）……2片

製作方法
將發酵味噌醬和A放入碗中攪拌均勻。

可廣泛應用
甘麴

又稱甘酒，不含酒精濃度，
可直接飲用或冷凍食用，
也能取代味醂加入醬汁中增添甜味。

材料（完成量250毫升）
乾燥米麴（或生米麴）……100克
礦泉水……230毫升（生米麴則使用200毫升）

製作方法
1. 將乾燥米麴和礦泉水放入夾鏈袋中，充分混合後，擠出空氣並密封袋口。
2. 將水和1放入電子鍋的內鍋，用筷子等夾在鍋蓋間，以防蓋子完全閉合。開啟保溫功能約2小時30分鐘，過程中翻面一次（如果有舒肥機，設定66°C靜置約1小時50分鐘）。

＊冷藏保存5天，冷凍保存1個月。

可以這樣應用
- 為天然的甜味劑之一，可用來取代磅蛋糕中的砂糖。
- 與味噌混合成發酵味噌醬，用來醃魚或調味都很好用。
- 與紅豆泥和水拌勻後加熱，就能快速做成紅豆湯。

Column

食品建議量速查表①

本書食譜中的食材建議量,可在速查表①及速查表②(P140)中查詢。請參考使用。

肉類・肉製品

食品名稱	建議量	淨重
牛肉(烤肉用)	1 盒	200 克
牛肉片	1 盒	170 克
牛里肌肉(牛排用)	1 片	140 克
雞腿肉(帶皮)	1 片(大)	400 克
雞胸肉(帶皮)	1 片	300 克
雞柳	1 條	50 克
豬肉(涮涮鍋用)	1 盒(大)	300 克
豬梅花肉(薑燒豬肉用)	1 片	35 克
豬肉片	1 盒	170 克
豬里肌肉薄片	1 盒(大)	300 克
豬排骨	1 塊	250 克
豬小里肌肉	1 塊	200 克
豬梅花肉(炸豬排用)	1 片	120 克
豬梅花肉塊	1 塊	270 克
雞絞肉	1 盒(小)	125 克
豬絞肉	1 盒(小)	130 克
牛豬絞肉	1 盒(小)	130 克
香腸	1 條	20 克
火腿	1 片	20 克

海鮮類・海鮮加工品

食品名稱	建議量	淨重
海瓜子(帶殼)	5 顆	20 克
黃雞魚	1 條	200 克
蝦	1 條	15 克
牡蠣	1 顆	20 克
鰈魚	1 片	100 克
鮭魚(切片)	1 片	200 克
土魠魚(切片)	1 片	80 克
蜆	5 顆	25 克
鱸魚(切片)	1 片	80 克
北魷	1 隻	250 克
鱈魚(切片)	1 片	100 克
野生鮭魚(切片)	1 片	100 克
蛤蜊	1 顆	35 克
小干貝	1 顆	10 克
帆立貝的貝柱	1 個	30 克
魷魚卷	1 條	170 克

蛋

食品名稱	建議量	淨重
雞蛋	1 顆	50 克

蔬菜

食品名稱	建議量	淨重
蘆筍	1 條	25 克
秋葵	1 條	9 克
蕪菁(帶莖)	1 株	135 克
南瓜	1/4 顆	300 克
花椰菜	1 株	300 克
高麗菜	1 顆	1105 克
高麗菜(葉)	1 片	50 克
小黃瓜	1 條	100 克
苦瓜	1 條	190 克
青蔥	1 把	90 克
牛蒡	1 條	150 克
四季豆	1 條	4 克
生薑	1 指節長段	10 克
櫛瓜	1 條	180 克
西洋芹	1 枝	100 克
白蘿蔔	1 條	750 克
洋蔥(中)	1 顆	200 克
青江菜	1 株	85 克
玉米	1 條	200 克
牛番茄(小)	1 顆	120 克
小番茄	1 顆	15 克
大蔥	1 枝	100 克
茄子	1 顆	70 克
韭菜	1 把	95 克
胡蘿蔔(中)	1 條	125 克
大蒜	1 瓣	5 克
白菜	1 株	2800 克
白菜(葉)	1 片	80 克
甜椒(紅・黃)	1 顆	190 克
青椒	1 顆	35 克
青花菜	1 株	210 克
菠菜	1 束	230 克
水菜	1 株	62 克
豆芽菜	1 袋	200 克
萵苣(葉)	1 片	30 克
九條蔥	1 把	150 克

菇類

食品名稱	建議量	淨重
金針菇	1 盒	100 克
香菇	1 朵	15 克
鴻禧菇	1 盒	100 克
舞菇	1 盒	100 克
蘑菇	1 顆	15 克

*建議量與淨重是根據本書中的食譜而定。

part 2

淋上去、拌一拌就美味！
淋醬・蘸醬・醃醬

普通蒸個雞肉或烤魚，就算料理方式千篇一律，
只要改變使用醬汁或醬料，就能夠做出許多變化，
讓三餐上菜超簡單！每天享受吃不膩的各式美味。

淋醬&醃漬的變化，
依照當天的心情來選擇吧！

冰箱裡有雞肉……今天要煮什麼好呢？這種時候，如果學會簡單快速淋醬或醃漬就能變美味的魔法，絕對會很方便！比如說，今天想要吃得清爽一點，就用番茄酸豆醬（P93），下次想要涼拌就換成芝麻醬（P93），這樣一來，即使是相同的食材，也能變換多種吃法，不費力做出美味料理。

此外，即使是炸雞，只要改變醃料，就能享受到各種不同口味，家人也不會吃膩。家常菜也可以用不一樣的醬汁或醃料來做變化！不需要每天想要煮什麼也能輕鬆上菜。

清蒸雞肉
要淋什麼醬？（P93）

- 番茄酸豆醬
- 美乃滋醃漬醬 
- 芝麻醬 
- 香菇魚露醬 
- 核桃味噌醬 
- 香味韓式辣椒醬 

今天想吃
番茄酸豆醬！

今天的炸雞，
要用哪種醃料？（P119）

- 大蒜醬油醬汁
- 蠔油芝麻醬汁 
- 南洋咖哩醬汁 
- 韓式辣蜂蜜醬汁 

今天要用……
大蒜醬油！

本章使用方式

- 淋醬、蘸醬和醃醬的基本量為 2 人份。有些食譜可能會依照容易製作的分量調整。
- 醬料提前做好會更方便使用，食譜中也有註明保存期限等資訊提供參考。
- 食材和調味料的用量，以克數和建議量，這兩種方式表示。
- 調味料的克數不是指大匙、小匙，而是以電子秤秤重的重量為準。
- 使用的鹽是天然鹽。

番茄酸豆醬

材料（2人份） ＊保存期間：冷藏3天

番茄	30 克(小1/4個)
西洋芹	5 克(1.5公分)
巴西里	0.5 克(1/2枝)
酸豆	5 克(1/2大匙)
西式雞高湯	20 克(4小匙)
鹽‧胡椒	各少許

＊番茄切成 0.5 公分小丁
西洋芹、巴西里、酸豆切碎

90

將調味料量好，
拌一拌就能完成。
簡單又美味！

清蒸雞肉要淋什麼醬？

清蒸雞肉多半是中式的口味，但只要換個醬汁，
也能享受到義式、泰式、日式、西式等各種風味。

PART2 淋醬

清蒸雞肉

材料（2人份）
雞胸肉（帶皮）⋯⋯1片（300克）
A ｜ 鹽・胡椒⋯⋯各適量
　｜ 青蔥（蔥綠部分）⋯⋯1根
　｜ 生薑（切薄片）⋯⋯2片
　｜ 料理酒⋯⋯1大匙
青花椰苗（切除根部）⋯⋯80克
喜好的淋醬（提前製作）
⋯⋯全部分量

製作方法

1. 將雞肉放入耐熱容器中，加入 A。
2. 放入水已經煮滾的蒸鍋中，小火蒸約 20 分鐘。放涼後，用手撕開雞肉。
3. 在盤中放入青花椰苗，放上 2，再淋上喜好的淋醬（上圖為番茄酸豆醬）。

調味前的烹調祕訣 1
如果雞肉厚薄差很多，請先切成大約一致的厚度，讓味道和熱度均勻滲透。

調味前的烹調祕訣 2
烹調前，在雞肉上用叉子刺出孔洞並加入醃醬，用手充分揉捏醃製，可以使雞肉更入味。

番茄酸豆醬

材料（2人份） *保存期間：冷藏3天

材料	份量
番茄	30 克（小 1/4 個）
西洋芹	5 克（1.5 公分）
巴西里	0.5 克（1/2 枝）
酸豆	5 克（1/2 大匙）
西式雞高湯	20 克（4 小匙）
鹽・胡椒	各少許

＊番茄切成 0.5 公分小丁
　西洋芹、巴西里、酸豆切碎

漬菜美乃滋醬

材料（2人份） *保存期間：冷藏3天

材料	份量
醃漬蔬菜	10 克（1/2 個）
美乃滋	20 克（5 小匙）
西式雞高湯	10 克（2 小匙）
鹽・胡椒	各少許

＊醃漬蔬菜切成末，可依喜好挑選酸黃瓜、醃漬橄欖等西式漬菜。

芝麻醬

材料（2人份） *保存期間：冷藏2～3週

材料	份量
青蔥	3 克（1 公分）
生薑	1 克（少量）
黑芝麻糊	15 克（1 大匙）
砂糖	3 克（1 小匙）
醬油	8 克（1/2 大匙）
第二次高湯	10 克（2 小匙）

＊青蔥、生薑切末

6種風味淋醬

製作方法……將所有食材混勻即可。

材料（2人份） *保存期間：冷藏3天

A

材料	份量
香菇	20 克（1 朵）
洋蔥	20 克（中 1/10 顆）
大蒜	1 克（1/5 瓣）

B

材料	份量
魚露	5 克（1 小匙）
檸檬汁	3 克（1/2 小匙）
西式雞高湯	30 克（2 大匙）
橄欖油	5 克（1 小匙）

＊香菇、洋蔥切成 0.5 公分小丁
＊大蒜切末

製作方法
橄欖油倒入平底鍋中，用中火將 A 炒香，再加入 B。

香菇魚露醬

核桃味噌醬

材料（2人份） *保存期間：冷藏3天

材料	份量
核桃	15 克（4 粒）
味噌	5 克（1 小匙）
蜂蜜	4 克（2/3 小匙）
第二次高湯	10 克（2 小匙）

＊核桃壓碎

香味韓式辣椒醬

材料（2人份） *保存期間：冷藏3天

材料	份量
青蔥	10 克（3 公分）
大蒜	1 克（1/5 瓣）
韓式辣椒醬	15 克（1 大匙）
醬油	3 克（1/2 小匙）
蜂蜜	3 克（1/2 小匙）
雞高湯	20 克（4 小匙）

＊蔥、大蒜切末

汆燙豬肉片要淋什麼醬？

豬肉片拌芝麻醬或柚子醋醬快速又好吃，
而且現在，你還可以改用下列6種醬汁，
讓簡單的料理有更多變化，擺脫一成不變！

汆燙豬肉片

材料（2人份）
雞高湯……400毫升
豬肉片（火鍋用）……200克
喜好的淋醬（提前製作）
……全部分量
綜合貝比生菜……80克
胡蘿蔔（切絲）……20克

製作方法

1. 在鍋中加入雞高湯煮沸後，轉小火，將豬肉一片片放入輕涮，煮熟就撈出。

2. 盤中鋪上生菜和胡蘿蔔絲，擺入 1，再淋上喜好的醬料即可（上圖為韭菜醬）。

調味前的烹調祕訣 1
雞高湯可以加入剩餘蔬菜，煮約10分鐘後使用，這樣會使湯頭更加香甜。

調味前的烹調祕訣 2
豬肉在75°C的溫度下即可熟透，只要控制好溫度，就能讓豬肉軟嫩多汁。

6 種風味淋醬

製作方法……將所有食材混勻即可。

韭菜醬

材料（2人份） *保存期間：冷藏 3 天

韭菜	30 克（1/3 把）
生薑	3 克（1/3 指節長段）
白芝麻糊	0.5 克（1 小匙）
醋	5 克（1 小匙）
醬油	20 克（1 大匙）
芝麻油	5 克（1 小匙）

*韭菜切成小段

奶香番茄醬

材料（2人份） *保存期間：冷藏 3 天

美乃滋	20 克（5 小匙）
番茄醬	10 克（1/2 大匙）
煉乳	5 克（1 小匙）

小黃瓜醋醬

材料（2人份） *保存期間：冷藏 3 天

小黃瓜	30 克（1/3 條）
砂糖	2 克（2/3 小匙）
醋	5 克（1 小匙）
薄鹽醬油	3 克（1/2 小匙）
鹽	少許

*小黃瓜磨泥

泰式甜辣醬

材料（2人份） *保存期間：冷藏 3 天

大蒜	1 克（1/5 瓣）
香菜葉	1 克（少量）
泰國甜辣醬	20 克（1 大匙）
魚露	1 克（1/6 小匙）
醬油	5 克（1 小匙）

*大蒜切片、香菜切碎

蘋果醬

材料（2人份） *保存期間：冷藏 3 天

蘋果	30 克（1/8 個）
生薑	1 克（少量）
檸檬汁	10 克（2 小匙）
鹽	1 克
蜂蜜	10 克（1/2 大匙）
西式雞高湯	30 克（2 大匙）
胡椒	少許

*蘋果切成 0.3 公分小丁
*生薑切成末

製作方法
將所有材料放入鍋中，煮沸後放涼即可。

蔥鹽芝麻醬

材料（2人份） *保存期間：冷藏 3 天

青蔥	15 克（5 公分）
生薑	1 克（少量）
白芝麻	3 克（1/2 大匙）
鹽	1 克
粗磨黑胡椒	1 克（1/2 小匙）
芝麻油	30 克（2 大匙）

*青蔥切碎
*生薑磨成泥

炸豬排要淋什麼醬？

除了傳統的中濃醬油或塔塔醬以外，
還有清爽可口的番茄、梅肉、白蘿蔔泥等醬料。
一定能找到你最喜歡的新滋味！

PART 2　淋醬

炸豬排

材料（2人份）
豬里肌（豬排用）……2 片
A｜麵粉・蛋液・麵包粉
　　……各適量
喜好的淋醬（提前製作）
　　……全部分量
食用油……適量
番茄（切成月牙形）……1 顆
高麗菜（切絲）……100 克

製作方法
1. 將豬肉斷筋，撒上鹽和胡椒（分量外）揉勻，再依序裹上備用。
2. 食用油加熱至 180°C，放入 1 約 2 分鐘後翻面，炸至整體呈金黃色後，取出瀝油。
3. 將 2 切成 2 公分寬，與高麗菜絲、番茄一同盛盤，淋上喜好的淋醬（上圖為葡萄乾咖哩優格醬）。

調味前的烹調秘訣 1
豬肉斷筋後，以鹽和胡椒粉充分揉勻再裹上麵衣，就可以讓豬肉內外都入味。

調味前的烹調秘訣 2
將豬肉用手充分揉捏回溫，可以使豬肉更快熟透，肉質也會更軟嫩好吃。

6 種風味淋醬

製作方法……將所有食材混勻即可。

葡萄乾咖哩優格醬

材料（2 人份） ＊保存期間：冷藏 3 天

材料	份量
葡萄乾	5 克（8 粒）
咖哩粉	1 克（1/2 小匙）
原味優格	60 克（4 大匙）
鹽	1 克
蜂蜜	5 克（1 小匙）

＊葡萄乾切碎
＊將優格倒入咖啡濾紙中，瀝乾水分至剩下一半（2 大匙）

梅子紫蘇醬

材料（2 人份） ＊保存期間：冷藏 1 週

材料	份量
梅肉	30 克（2 大匙）
紫蘇葉	1 克（1 片）
醬油	5 克（1 小匙）
味醂	30 克（5 小匙）

＊紫蘇葉切碎
＊味醂不蓋保鮮膜，微波加熱約 10 秒至冒出蒸汽

蜂蜜芥末美乃滋醬

材料（2 人份） ＊保存期間：冷藏 1 週

材料	份量
蜂蜜	10 克（1/2 大匙）
芥末籽醬	3 克（1/2 小匙）
美乃滋	30 克（2 大匙）

醋洋蔥甜麵醬

材料（2 人份） ＊保存期間：冷藏 1 週

材料	份量
洋蔥	10 克（小 1/10 顆）
醋	10 克（2 小匙）
甜麵醬	15 克（2 小匙）
醬油	5 克（1 小匙）

＊洋蔥切成 0.5 公分小丁

番茄西洋芹醬

材料（2 人份） ＊保存期間：冷藏 2 天

材料	份量
番茄	50 克（小 1/2 顆）
西洋芹	10 克（3 公分）
洋蔥	10 克（小 1/10 顆）
檸檬汁	5 克（1 小匙）
鹽	1 克
胡椒	少許
橄欖油	10 克（2 小匙）

＊番茄切成 0.8 公分小丁
＊西洋芹、洋蔥切成 0.3 公分小丁

蘿蔔泥魚露醬

材料（2 人份） ＊保存期間：冷藏 3 天

材料	份量
白蘿蔔	30 克（1 公分）
蘋果	10 克（少量）
魚露	5 克（1 小匙）
蜂蜜	5 克（1 小匙）
檸檬汁	5 克（1 小匙）

＊白蘿蔔、蘋果磨成泥

義式涼拌冷盤要淋什麼醬？

儘管橄欖油加檸檬汁是經典絕配，
但加入榨菜或香菜等辛香料製成的醬汁也非常適合。
推薦嘗試義大利風味以外的吃法。

帆立貝義式涼拌冷盤

材料（2人份）
帆立貝柱（生食用／
　切約0.3公分斜片）……150克
鹽・胡椒……各少許
喜好的淋醬（提前製作）
　……全部分量

製作方法
1 帆立貝擺放在冰過的盤中，撒上鹽和胡椒，均勻倒入喜好的淋醬（上圖為塞比切檸檬醬）。

調味前的烹調祕訣 1
冷盤涼拌用的海鮮，請選擇透明且富有彈性的新鮮食材，非常推薦貝類。

調味前的烹調祕訣 2
由於是生食，將盤子和食材提前冷藏，讓食物更加保鮮。

6 種風味淋醬

製作方法……將所有食材混合均勻即可。

塞比切檸檬醬

材料（2人份） ＊保存期間：冷藏 3 天

檸檬果肉	10 克（1/3 顆）
檸檬皮	1 克（少量）
檸檬汁	10 克（2 小匙）
紅洋蔥	10 克（少量）
薄荷葉	1 克（3 片）
塔巴斯科辣椒醬	1 克（1/6 小匙）
鹽	1 克
胡椒	少許
橄欖油	10 克（2 小匙）

＊檸檬果肉、紅洋蔥切成 0.5 公分小丁
＊檸檬皮、薄荷葉切碎

甜椒油醋醬

材料（2人份） ＊保存期間：冷藏 3 天

甜椒（紅、黃）	各 5 克
番茄乾	1 克（1 個）
醃菜	3 克（1/6 個）
鹽	1 克
醋	10 克（2 小匙）
胡椒	少許
橄欖油	10 克（2 小匙）

＊甜椒切成 0.3 公分小丁
＊番茄乾、醃菜切碎

山葵醬油美乃滋

材料（2人份） ＊保存期間：冷藏 1 週

山葵泥	1 克（1/5 小匙）
醬油	10 克（1/2 大匙）
美乃滋	30 克（2 大匙）

香菜魚露醬

材料（2人份） ＊保存期間：冷藏 3 天

香菜葉	10 克（1/4 把）
青蔥	3 克（1 公分）
魚露	5 克（1 小匙）
檸檬汁	10 克（2 小匙）
砂糖	5 克（1/2 大匙）
橄欖油	10 克（2 小匙）

＊香菜葉、青蔥切末

榨菜蔥油醬

材料（2人份） ＊保存期間：冷藏 3 天

榨菜	5 克（1 塊）
青蔥	3 克（1 公分）
生薑	1 克（少量）
醬油	10 克（1/2 大匙）
芝麻油	10 克（2 小匙）

＊榨菜、青蔥、生薑切末

五香辣味醬

材料（2人份） ＊保存期間：冷藏 3 天

紫蘇葉	1 克（1 片）
五香粉	1 克（1/3 小匙）
豆瓣醬	1 克（1/7 小匙）
醋	10 克（2 小匙）
醬油	10 克（1/2 大匙）
芝麻油	10 克（2 小匙）

＊紫蘇葉切末

鹽烤魚要淋什麼醬？

簡單的鹽烤魚，只要變化醬汁，就能擴大菜色變化。
可以依照心情，搭配濃郁的海苔醬油或清爽的蘿蔔泥醬汁，
享受不同美味的鹽烤魚。

鹽烤鱈魚

材料（2人份）
鱈魚（切片）……2片
喜好的淋醬（提前製作）
……全部分量
櫻桃蘿蔔……2顆

製作方法

1. 鱈魚撒上鹽（分量外），靜置10分鐘後擦乾水分。
2. 將 1 放入預熱至 180℃的烤箱，大約烤 7 分鐘直到皮面酥脆。
3. 將 2 盛盤，旁邊擺上櫻桃蘿蔔，淋上喜好的淋醬（上圖為海苔醬油）。

調味前的烹調祕訣 1
除了鱈魚外，鯛魚、竹莢魚、秋刀魚、鯖魚等魚種也很適合做烤魚。

調味前的烹調祕訣 2
如果使用背部呈青色的魚，先撒鹽後靜置 10 分鐘，再用水洗淨後擦乾，即可去除腥味。

6種風味淋醬

製作方法……將所有食材混勻即可。

海苔醬油

材料（2人份） *保存期間：冷藏1週

烤海苔	1.5 克（1/2 片）
醬油	15 克（1 大匙）
味醂	15 克（1 大匙）

＊烤海苔撕成細碎
＊味醂不蓋保鮮膜，微波加熱約10秒至冒出蒸汽

製作方法
將所有材料均勻混合，當海苔變軟後磨碎。

西芹葉味噌醬

材料（2人份） *保存期間：冷藏3天

汆燙西芹葉	20 克（1/2 株）
薄鹽醬油	2 克（1/3 小匙）
味醂	5 克（1 小匙）
味噌	5 克（1 小匙）
第二次高湯	10 克（2 匙）

＊西洋芹葉汆燙後切末
＊味醂不蓋保鮮膜，微波加熱約10秒至冒出蒸汽

牛蒡南蠻中華醬

材料（2人份） *保存期間：冷藏3天

水煮牛蒡	30 克（10 公分）
生薑	1 克（少量）
青蔥	5 克（1.5 公分）
紅辣椒	少許
醬油	15 克（1 大匙）
芝麻油	5 克（1 小匙）

＊牛蒡煮熟後，切成 0.3 公分丁狀
＊生薑磨碎
＊青蔥切末
＊紅辣椒切片

黑橄欖蒜醬

材料（2人份） *保存期間：冷藏1週

黑橄欖	30 克（7 顆）
大蒜	1 克（1/5 瓣）
鯷魚	1 克（1/5 片）
醃漬蔬菜	5 克（1/4 條）
鹽・胡椒	各少許
橄欖油	10 克（2 小匙）

＊黑橄欖、大蒜、鯷魚、醃漬蔬菜切末
＊醃漬蔬菜可以選擇酸黃瓜、橄欖等西式漬菜

毛豆番茄風味醬

材料（2人份） *保存期間：冷藏3天

水煮毛豆	30 克（30 粒）
小番茄	30 克（2 顆）
生薑	1 克（少量）
大蒜	1 克（1/5 瓣）
魚露	7 克（1/2 大匙）

＊水煮毛豆去殼
＊小番茄切成圓片
＊生薑、大蒜切末

萊姆蘿蔔泥生薑醬

材料（2人份） *保存期間：冷藏3天

萊姆皮	1 克（少量）
萊姆汁	10 克（2 小匙）
白蘿蔔	40 克（1.5 公分）
生薑	1 克（少量）
鹽	少許

＊白蘿蔔、生薑、萊姆皮磨泥

歐姆蛋要淋什麼醬？

歐姆蛋是一種跟多種調味料都能完美搭配的料理，
例如韓式辣椒醬、鮮奶油、魚露等。
不僅適合作為早餐，也可以成為晚餐的主菜。

PART 2 ｜淋醬

歐姆蛋

材料（2 人份）
雞蛋……4 顆
鹽……1/3 小匙
胡椒……少許
喜好的淋醬（提前製作）
……全部分量
奶油……10 克

製作方法

1. 在碗中打入雞蛋（2 顆），加入鹽（一半分量）和胡椒攪拌均勻。
2. 在另一鍋中加入喜歡的淋醬，中火加熱約 2 分鐘。
3. 在平底鍋中放入奶油（一半分量），中火加熱後倒入 **1**，攪拌至半熟後，將兩端向中心折成歐姆蛋的形狀。重複上述步驟再做一個。
4. 將 **3** 盛盤，淋上 **2**（上圖為普羅旺斯燉菜辣醬）。

調味前的烹調祕訣 1
加入蛋中的鹽約是蛋液的 1%，但如果醬料比較鹹，可以適當減少鹽的量。

調味前的烹調祕訣 2
蛋液不要先打散再加鹽和胡椒，打散前就加入一起打，這樣鹽不會結塊，味道也更均勻。

普羅旺斯燉菜辣醬

材料（2人份）＊保存期限：冷藏3天

A
大蒜	1 克（1/5 瓣）
洋蔥	20 克（中 1/10 顆）
櫛瓜	20 克（1/9 條）
甜椒（紅・黃）	各 20 克（各 1/9 顆）
麵粉	3 克（1 小匙）

B
韓式辣椒醬	10 克（1/2 大匙）
純番茄汁	50 克（3 大匙）
醬油	10 克（1/2 大匙）
西式雞高湯	80 克（5 大匙）
芝麻油	3 克（1 小匙）

＊大蒜切末
＊洋蔥、櫛瓜、甜椒切 0.8 公分小丁

製作方法
鍋中倒入芝麻油，中火加熱後，放入 A 炒至上色，再加入麵粉炒勻。接著加入 B，邊攪拌邊煮。

泰式海鮮風味醬

材料（2人份）＊保存期限：冷藏3天

A
綜合冷凍海鮮	50 克
大蒜	1 克（1/5 瓣）
洋蔥	10 克（小 1/10 顆）

B
魚露	4 克（1 小匙）
辣椒醬	3 克（1 小匙）
水	30 克（2 大匙）
太白粉	1 克（1/3 小匙）
沙拉油	3 克（1 小匙）

＊將綜合冷凍海鮮解凍後，用紙巾擦乾水分
＊大蒜、洋蔥切末

製作方法
鍋中倒入沙拉油，用小火加熱，加入 A 炒至軟化，再加入混合好的 B，邊攪拌邊煮。

4 種風味淋醬

奶油蘑菇醬

材料（2人份）＊保存期限：冷藏3天

A
蘑菇	40 克（3 個）
洋蔥	10 克（小 1/10 顆）
麵粉	1 克（1/3 小匙）

B
鹽	1 克
鮮奶油	10 克（2 小匙）
白葡萄酒	10 克（2 小匙）
西式雞高湯	50 克（3 大匙）
胡椒	少許
奶油	5 克（1 小匙）

＊蘑菇切六瓣
＊洋蔥切碎

製作方法
在鍋中加入奶油，以中火加熱，將 A 炒香後，加入麵粉，炒至無粉感後，再加入 B 攪拌均勻，蓋上鍋蓋燉煮即可。

菠菜咖哩醬

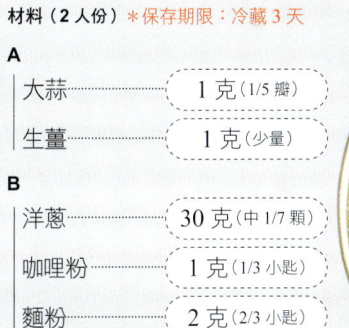

材料（2人份）＊保存期限：冷藏3天

A
大蒜	1 克（1/5 瓣）
生薑	1 克（少量）

B
洋蔥	30 克（中 1/7 顆）
咖哩粉	1 克（1/3 小匙）
麵粉	2 克（2/3 小匙）

C
番茄泥	20 克（1 大匙）
原味優格	5 克（1 小匙）
鹽	1 克
西式雞高湯	80 克（5 大匙）
水煮菠菜	40 克（1/4 把）
沙拉油	3 克（1 小匙）

＊將大蒜、生薑、洋蔥、水煮菠菜切碎

製作方法
在鍋中倒入沙拉油，用小火加熱，加入 A 炒出香味後，加入 B 炒至無粉感，再加入 C 拌勻，稍微煮過後，放入水煮菠菜。

涼拌豆腐要淋什麼醬？

豆腐味道清淡，是一種容易調味的食材。
推薦使用納豆、漬物等濃郁食材製作而成的醬汁。

日式冷豆腐

材料（2人份）

嫩豆腐（切成容易食用的大小）
……2/3 塊（200 克）
喜好的淋醬（提前製作）
……全部分量

製作方法

1. 將豆腐盛盤，倒入喜好的淋醬（上圖為醋拌納豆醬）。

調味前的烹調祕訣 1
豆腐換成板豆腐或香醇的雞蛋豆腐也很美味。

調味前的烹調祕訣 2
豆腐切開後會出水，因此切開後先輕輕拭乾再盛盤，可以避免水分過多影響外觀和味道。

6種風味淋醬

製作方法……將所有食材混勻即可。

醋拌納豆醬

材料（2人份） *保存期限：冷藏3天

納豆	20 克（1/2 盒）
蔥花	5 克（1 根）
黃芥末醬	1 克（1/3 小匙）
醋	8 克（1/2 大匙）
醬油	8 克（1/2 大匙）

鹽漬魷魚醬

材料（2人份） *保存期限：冷藏3天

鹽漬魷魚	10 克（1/2 大匙）
紫蘇葉	1 克（1 片）
柚子胡椒	1 克（1/3 小匙）
芝麻油	5 克（1 小匙）

＊鹽漬魷魚（魷魚鹽辛）、紫蘇葉切成末

小番茄柴魚醬

材料（2人份） *保存期限：冷藏3天

小番茄	20 克（大 1 顆）
柴魚片	1 克（1/2 大匙）
醬油	5 克（1 小匙）
橄欖油	5 克（1 小匙）

＊小番茄切成 6 等份

鹽漬檸檬橄欖醬

材料（2人份） *保存期限：冷藏3天

檸檬	20 克（1/5 顆）
綠橄欖	5 克（1 顆）
鹽	1 克
蜂蜜	5 克（1 小匙）
橄欖油	5 克（1 小匙）

＊檸檬切成扇形薄片
＊綠橄欖切薄片

韓式芝麻葉醬

材料（2人份） *保存期限：冷藏3天

芝麻葉碎	15 克（約 2 株）
白芝麻	1 克（1/2 小匙）
韓式辣椒醬	10 克（1/2 大匙）
醬油	5 克（1 小匙）
雞高湯	10 克（2 小匙）
芝麻油	5 克（1 小匙）

秋葵魚露醬

材料（2人份） *保存期限：冷藏3天

秋葵	20 克（2 根）
魚露	5 克（1 小匙）
雞高湯	10 克（2 小匙）

＊秋葵切成星狀圓片

烤油豆腐要淋什麼醬？

想要多加一道菜色或尋找適合的下酒菜時，
烤油豆腐是個不錯的選擇。搭配使用煙燻蘿蔔漬的獨特風味醬，
或是西式、韓式的醬汁都非常合適。

烤油豆腐

材料（2人份）
油豆腐……1塊（200克）
喜好的淋醬（提前製作）
……全部分量

製作方法
1. 將油豆腐放入以180℃預熱好的烤箱中，烤約6分鐘至表面金黃酥脆。
2. 將烤好的油豆腐切成3公分寬，盛盤後淋上喜好的淋醬（上圖為煙燻蘿蔔起司醬）。

調味前的烹調祕訣 1
油豆腐可以用烤的，或是先在鍋中倒入少許油，切塊後放入每一面都煎鮮脆。

調味前的烹調祕訣 2
如果要搭配濃厚的醬汁，先將油豆腐汆燙去油再烤，可以減少熱量，吃起來也更為清爽。

6種風味淋醬

製作方法……將所有食材混勻即可。

煙燻蘿蔔起司醬

材料（2人份） *保存期限：冷藏3天

煙燻蘿蔔漬	15 克（3 片）
奶油乳酪	15 克（1 大匙）
蔥花	3 克（3/5 根）
醬油	5 克（1 小匙）
第二次高湯	15 克（1 大匙）

* 煙燻蘿蔔漬切碎
* 奶油乳酪放置室溫回溫，再用抹刀拌勻

果香酸甜烤肉醬

材料（2人份） *保存期限：冷藏1週

果醬	10 克（2 小匙）
番茄醬	15 克（1 大匙）
中濃醬	15 克（1 大匙）

* 果醬可以使用柑橘類或蘋果醬。

東南亞風味噌醬

材料（2人份） *保存期限：冷藏1週

花生醬（無糖）	10 克（1/2 大匙）
魚露	3 克（1/2 小匙）
韓國辣椒醬	5 克（1 小匙）
醋	5 克（1 小匙）
味噌	5 克（1 小匙）
芝麻油	5 克（1 小匙）

蔥拌納豆甜麵醬

材料（2人份） *保存期限：冷藏3天

納豆（碎粒）	20 克（1/2 盒）
蔥花	5 克（1.5 公分）
紫蘇葉碎	1 克（1 片）
甜麵醬	8 克（1/2 大匙）
醬油	8 克（1/2 大匙）
雞高湯	10 克（2 小匙）

青辣椒醬

材料（2人份） *保存期限：冷藏3天

青辣椒末	5 克（1 根）
番茄	20 克（大 1 個）
蔥花	5 克（1.5 公分）
薑末	3 克（1/3 指節長段）
醬油	10 克（1/2 大匙）
味醂	10 克（1/2 大匙）

* 番茄切成 0.5 公分小丁
* 味醂不蓋保鮮膜，微波加熱 10 秒至冒出蒸汽

韭菜泡菜醬

材料（2人份） *保存期限：冷藏3天

韭菜	5 克（1 根）
白菜泡菜	10 克（1 大匙）
白芝麻	1 克（1/2 小匙）
醋	5 克（1 小匙）
醬油	5 克（1 小匙）
芝麻油	5 克（1 小匙）

* 韭菜切小段
* 白菜泡菜切碎

烤肉要蘸什麼醬？

用自製烤肉醬，在家也能享受高級燒肉店的美味。
清爽的檸檬和蔥鹽醬、濃郁的燒烤醬或麻辣醬，都能依照喜好準備！

PART 2 ─ 蘸醬

日式燒肉

材料（2人份）

牛肉（烤肉用）……200 克
喜歡的蔬菜（玉米・彩椒・青椒・地瓜等）……適量
喜好的蘸醬（提前製作）……全部分量
沙拉油……適量

製作方法

1. 將蔬菜都切成容易食用的大小，備用。
2. 在平底鍋中倒入沙拉油，大火熱鍋後轉小火，放入蔬菜慢煎至熟透後，轉大火，放入牛肉煎至表面變色。
3. 將 2 盛盤，搭配喜好的蘸醬享用（上圖為蔥鹽麴醬）。

調味前的烹調祕訣 1
牛肉如果很厚或是有筋較硬，可以先在表面輕劃幾刀，讓醬汁更容易滲透，口感也更軟嫩。

調味前的烹調祕訣 2
油脂較多的牛肉適合清爽的醬汁，油脂較低的則搭配含油的醬汁，或是在烹調前先抹油增加軟嫩口感。

6種風味蘸醬

製作方法……將所有食材混勻即可。

蔥鹽麴醬

材料（2人份）　*保存期間：冷藏3天

蔥花	20 克（1/5 根）
鹽麴	5 克（1 小匙）
鹽	1 克
味醂	5 克（1 小匙）
粗磨黑胡椒	0.7 克（1/3 小匙）
芝麻油	5 克（1 小匙）

*味醂不蓋保鮮膜，微波加熱10秒至冒出蒸汽

蜂蜜檸檬醬

材料（2人份）　*保存期間：冷藏3天

檸檬汁	20 克（4 小匙）
鹽	1 克
蜂蜜	10 克（1/2 大匙）
西式雞高湯	10 克（2 小匙）
胡椒	少許

泰式麻辣醬

材料（2人份）　*保存期間：冷藏1週

豆瓣醬	3 克（1/2 小匙）
魚露	3 克（1/2 小匙）
檸檬汁	5 克（1 小匙）
蜂蜜	5 克（1 小匙）

鹽味柑橘醬油

材料（2人份）　*保存期間：冷藏3天

柑橘汁（檸檬、酸橘等）	20 克（4 小匙）
鹽	1 克
味醂	5 克（1 小匙）
第一次高湯	30 克（2 大匙）

*味醂不蓋保鮮膜，微波加熱10秒至冒出蒸汽

經典烤肉醬

材料（2人份）　*保存期間：冷藏3天

大蒜	1 克（1/5 瓣）
生薑	3 克（1/3 指節長段）
白芝麻	1 克（1/2 小匙）
番茄醬	20 克（1 大匙）
伍斯特醬	5 克（1 小匙）
醬油	5 克（1 小匙）
蜂蜜	3 克（1/2 小匙）

*大蒜、生薑均磨成泥

蘋果洋蔥醬

材料（2人份）　*保存期間：冷藏3天

蘋果	20 克（1/12 顆）
洋蔥	10 克（小 1/10 顆）
生薑	3 克（1/3 指節長段）
大蒜	1 克（1/5 瓣）
檸檬汁	5 克（1 小匙）
醬油	15 克（1 大匙）

*蘋果、洋蔥、生薑、大蒜均磨成泥狀

天婦羅要蘸什麼醬？

天婦羅等炸物除了搭配經典的天婦羅醬汁或鹽，也可以用自製醬汁來做變化！
除了日式口味，西式、中式、南洋風味的醬汁也能增添新鮮感。

天婦羅

材料（2人份）
- 蝦（帶殼）⋯⋯4隻
- 喜歡的蔬菜（南瓜、日本小青椒、舞菇、茄子等）⋯⋯適量
- 麵粉⋯⋯2大匙
- 冷水⋯⋯150毫升
- A｜泡打粉⋯⋯1/2小匙
  ｜麵粉⋯⋯80克
- 喜好的蘸醬（提前製作）⋯⋯全部分量
- 食用油⋯⋯適量

製作方法
1. 將蝦子去頭挑腸泥，剝掉尾部以外的蝦殼，再切除尾部殼的尖端，在蝦子的腹側劃數刀拉直。蔬菜切成容易食用的大小。將蝦子和蔬菜裹上麵粉。
2. 在碗中倒入冷水，一邊篩入A，一邊輕輕攪拌。
3. 將 1 裹上 2，放入 180°C 的油中炸至金黃酥脆。
4. 將 3 盛盤，搭配喜好的蘸醬享用（上圖為芝麻醬油）。

調味前的烹調祕訣 1
天婦羅會搭配濃郁的醬汁或鹽來享用，因此食材或麵衣中不需要加鹽。

調味前的烹調祕訣 2
天婦羅剛炸好立刻蘸醬食用最好吃。如果不是現炸，可以用烤箱或氣炸鍋先回烤至酥脆。

PART 2 蘸醬

6 種風味蘸醬

製作方法……將所有食材混勻即可。

芝麻醬油

材料（2 人份） *保存期間：冷藏 3 天

白芝麻	5 克（2 小匙）
砂糖	5 克（1/2 大匙）
醬油	15 克（1 大匙）
味醂	10 克（1/2 大匙）
第一次高湯	10 克（2 小匙）

＊味醂不蓋保鮮膜，微波加熱 10 秒至冒出蒸汽

魚露咖哩醬

材料（2 人份） *保存期間：冷藏 3 天

紅咖哩醬	4 克（1 小匙）
魚露	8 克（1/2 大匙）
檸檬汁	10 克（2 小匙）
雞高湯	20 克（4 小匙）

抹茶鹽

材料（2 人份） *保存期間：冷藏 1 個月

抹茶粉	5 克（1/2 大匙）
鹽	50 克（3 大匙）

芝麻葉番茄醬

材料（2 人份） *保存期間：冷藏 3 天

芝麻葉	5 克（1 株）
番茄乾	2 克（2 顆）
番茄	30 克（1/4 顆）
鹽‧胡椒	各少許

＊芝麻葉切碎
＊番茄乾切小塊
＊番茄切成 0.5 公分小丁

苦瓜蘿蔔泥醬

材料（2 人份） *保存期間：冷藏 3 天

苦瓜（去籽）	20 克（1/10 條）
白蘿蔔	20 克（0.7 公分）
生薑	2 克（1/5 指節長段）
薄鹽醬油	10 克（1/2 大匙）
味醂	10 克（1/2 大匙）
第一次高湯	10 克（2 小匙）
鹽	少許

＊將苦瓜的籽和囊去除，切塊
＊白蘿蔔切塊
＊味醂不蓋保鮮膜，微波加熱 10 秒至冒出蒸汽

製作方法
將所有材料放入果汁機中攪拌。

榨菜甜麵醬

材料（2 人份） *保存期間：冷藏 3 天

榨菜碎	10 克（2 片）
生薑泥	1 克（少量）
甜麵醬	10 克（1/2 大匙）
白芝麻醬	10 克（1/2 大匙）
雞高湯	20 克（4 小匙）

生菜沙拉要淋什麼醬？

新鮮的生菜沙拉，建議搭配現做的濃郁沙拉醬。
每一次做的分量剛剛好用完，完全不用擔心吃膩！

PART 2 沙拉醬

生菜沙拉

材料（2人份）
萵苣（撕成一口大小）……3片
小黃瓜（切圓片）……1/2 根
喜好的沙拉醬（提前製作）
……全部分量

製作方法
1. 將萵苣洗淨，泡冷水中約 10 分鐘至清脆，再用紙巾吸乾水分。
2. 在盤內放上 1 和小黃瓜，淋上喜好的沙拉醬（上圖為胡蘿蔔沙拉醬）。

調味前的烹調祕訣 1
萵苣要用手指輕輕捏住撕開，而不是扭轉它，以這樣的方式撕成一口大小，可以讓蔬菜的口感更爽脆。

調味前的烹調祕訣 2
萵苣泡冷水過久會流失營養素，建議浸泡 5～10 分鐘，感覺生菜變得脆硬即可。除了用紙巾擦乾生菜，蔬菜脫水機也很方便，可以不傷到葉片，快速去除水分。

6 種風味沙拉醬

製作方法……將所有食材混勻即可。

胡蘿蔔沙拉醬

材料（2 人份） ＊保存期間：冷藏 3 天

材料	份量
胡蘿蔔	30 克（中 1/4 根）
鹽麴	3 克（2/3 小匙）
醋	10 克（2 小匙）
薄鹽醬油	5 克（1 小匙）
蜂蜜	5 克（1 小匙）
玄米油	10 克（2 小匙）

＊胡蘿蔔磨成泥

韓式梅肉辣椒沙拉醬

材料（2 人份） ＊保存期間：冷藏 2～3 週

材料	份量
梅果肉	5 克（1 小匙）
韓式辣椒醬	5 克（1 小匙）
醋	15 克（1 大匙）
芝麻油	15 克（1 大匙）

鹽漬魷魚沙拉醬

材料（2 人份） ＊保存期間：冷藏 3 天

材料	份量
鹽漬魷魚	5 克（1 小匙）
萊姆果肉	5 克（少量）
萊姆皮	1 克（少量）
萊姆汁	20 克（4 小匙）
顆粒芥末醬	5 克（1 小匙）
胡椒	少許
橄欖油	20 克（5 小匙）

＊醃漬魷魚切成末
＊萊姆果肉切成 0.5 公分小塊
＊萊姆皮削成萊姆皮屑

明太子迷迭香沙拉醬

材料（2 人份） ＊保存期間：冷藏 3 天

材料	份量
明太子	5 克（1 小匙）
迷迭香葉	1 克（1/4 枝）
檸檬皮	1 克（少量）
白酒醋	15 克（1 大匙）
鹽	少許
橄欖油	15 克（1 大匙）

＊迷迭香葉、檸檬皮切碎

柚子胡椒泰式沙拉醬

材料（2 人份） ＊保存期間：冷藏 3 天

材料	份量
大蒜	1 克（1/5 瓣）
紅辣椒	0.5 克（1 條）
魚露	4 克（1 小匙）
檸檬汁	10 克（2 小匙）
醋	10 克（2 小匙）
柚子胡椒	1 克（1/3 小匙）

＊大蒜切末
＊紅辣椒切成圓片

異國風薑味沙拉醬

材料（2 人份） ＊保存期間：冷藏 1 週

材料	份量
生薑	1 克（少量）
甜辣醬	15 克（1 大匙）
醋	15 克（1 大匙）
醬油	5 克（1 小匙）
玄米油	15 克（1 大匙）

＊生薑切末

溫沙拉要淋什麼醬？

蔬菜蒸熟後甜度提升，搭配濃郁香醇的沙拉醬一起吃就很滿足！
也可以加入松子等堅果類，增添層次口感。

PART2｜沙拉醬

溫沙拉

材料（2人份）
喜愛的蔬菜（玉米、花椰菜、鴻禧菇、秋葵、高麗菜、胡蘿蔔等）……適量
喜好的沙拉醬（提前製作）……全部分量

製作方法
1. 將蔬菜洗淨切成方便食用的大小，放入水已煮滾的蒸鍋中，依蔬菜蒸熟的順序取出備用。
2. 將 1 盛盤，淋上喜好的沙拉醬（上圖為鯷魚沙拉醬）。

調味前的烹調秘訣 1
推薦使用當季蔬菜！春天的蘆筍、高麗菜，夏天的甜椒、南瓜，秋天的地瓜、菇類，還有冬天的白蘿蔔、馬鈴薯等，簡單調味就好吃。

調味前的烹調秘訣 2
用竹籤刺入蔬菜檢查熟度。色彩鮮豔的蔬菜，蒸煮太久可能會變色，最好控制在 5 分鐘以內。

6種風味沙拉醬

製作方法……將所有食材混勻即可。

鯷魚沙拉醬

材料（2人份） *保存期限：冷藏 2～3 週

鯷魚醬	5 克（1 小匙）
義大利綜合香料	少許
酸豆	5 克（1/2 大匙）
白酒醋	10 克（2 小匙）
胡椒	少許
橄欖油	15 克（1 大匙）

＊酸豆切成末

黑芝麻沙拉醬

材料（2人份） *保存期限：冷藏 2～3 週

黑芝麻醬	10 克（1/2 大匙）
醋	10 克（2 小匙）
醬油	10 克（1/2 大匙）
芝麻油	10 克（2 小匙）

韓式松子沙拉醬

材料（2人份） *保存期限：冷藏 3 天

松子…	5 克（1 大匙）
粗磨紅辣椒粉	1 克（1/2 小匙）
大蒜	1 克（1/5 瓣）
青蔥	5 克（1.5 公分）
醋	10 克（2 小匙）
醬油	10 克（1/2 大匙）
芝麻油	10 克（2 小匙）

＊松子先炒過
＊大蒜、青蔥切成末

起司沙拉醬

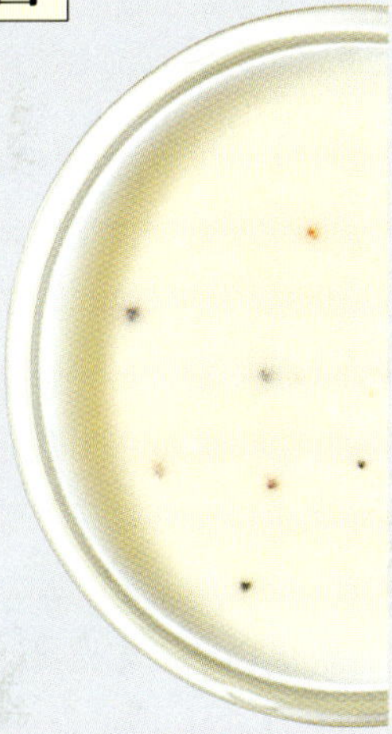

材料（2人份） *保存期限：冷藏 3 天

A
奶油乳酪	15 克（1 大匙）
西式雞高湯	10 克（2 小匙）
檸檬汁	10 克（2 小匙）
鹽	少許
粗磨黑胡椒	少許
橄欖油	15 克（1 大匙）

製作方法
將 A 放入耐熱容器中，輕蓋保鮮膜，微波加熱 20 秒後拌勻，再加入其他材料一起拌勻。

南蠻味噌小魚乾沙拉醬

材料（2人份） *保存期限：冷藏 1 週

小魚乾	5 克（1 大匙）
紅辣椒	0.5 克（1 條）
醋	15 克（1 大匙）
醬油	5 克（1 小匙）
味噌	5 克（1 小匙）
冷壓芝麻油	15 克（1 大匙）

＊紅辣椒切圓片

鹽昆布花椒沙拉醬

材料（2人份） *保存期限：冷藏 1 週

鹽昆布	5 克（1/2 大匙）
花椒粒	5 克（1/2 大匙）
醋	15 克（1 大匙）
醬油	5 克（1 小匙）
玄米油	15 克（1 大匙）

＊花椒粒切碎

薑燒豬肉的調味，要用什麼醬汁？

薑燒豬肉的味道很容易太單調，
推薦大家可以使用蘋果泥、番茄醬或甜麵醬來調味。
這些調味醬汁絕對讓人食指大動。

薑燒豬肉

材料（2人份）

薑豬里肌肉……250克
料理酒……1大匙
喜好的調味醬汁（提前製作）……全部分量
高麗菜（切絲）……適量
香菜葉（切碎）……適量
檸檬（切成半月形）……適量
沙拉油……2小匙

製作方法

1. 將料理酒塗抹在豬肉上，使其去腥。
2. 在平底鍋中倒入沙拉油，大火熱鍋後，將 1 平鋪煎至上色後翻面，繼續煎。
3. 當豬肉兩面煎上色後，加入喜好的調味醬汁拌勻（上圖為洋蔥薑魚露醬汁）。
4. 將 3 盛盤，旁邊擺上混合好的高麗菜、香菜葉和檸檬。

調味前的烹調祕訣 1

市售豬肉片的厚薄不同，只要耐心等肉片煎上色再翻面，最後加入調味醬汁，就能得到香氣四溢的美味。

調味前的烹調祕訣 2

肉片先醃好再烹調容易太鹹。醬汁最後步驟再加入，才能讓肉和醬汁的平衡恰到好處。

4種調味醬汁

製作方法……將所有食材混勻即可。

洋蔥薑魚露醬汁

材料（2人份） *保存期限：冷藏3天

洋蔥	75 克	(中 2/5 個)
生薑	20 克	(2 指節長段)
魚露	25 克	(4 小匙)
蜂蜜	25 克	(4 小匙)

＊洋蔥、生薑均磨成泥

生薑番茄醬汁

材料（2人份） *保存期限：冷藏3天

生薑	20 克	(2 指節長段)
番茄醬	60 克	(3 大匙)
醬油	20 克	(1 大匙)
料理酒	20 克	(1 大匙)

＊生薑磨成泥

生薑蘋果醬汁

材料（2人份） *保存期限：冷藏3天

生薑	20 克	(2 指節長段)
蘋果	60 克	(1/4 個)
醬油	30 克	(5 小匙)
料理酒	30 克	(2 大匙)

＊生薑、蘋果均磨成泥

甜麵生薑醬汁

材料（2人份） *保存期限：冷藏3天

生薑	20 克	(2 指節長段)
甜麵醬	30 克	(4 小匙)
豆瓣醬	6 克	(1 小匙)
醬油	20 克	(1 大匙)
料理酒	30 克	(2 大匙)

＊生薑磨成泥

更多吃法！薑燒豬肉的4種變化

咖哩風薑燒豬肉

將豬肉撒上鹽、咖哩粉，用橄欖油煎至熟透，加入高麗菜（切大塊）翻炒，最後再加入<u>生薑蘋果醬汁</u>。

薑燒鯖魚茄子

將茄子（切成半月形）泡水去除澀味。用玄米油煎鯖魚（切成2公分大小）和茄子，最後加入<u>洋蔥薑魚露醬汁</u>。

薑燒豬肉捲

用豬五花火鍋肉片捲入汆燙過的青江菜，裹上麵粉後，用芝麻油煎熟，最後加入<u>甜麵生薑醬汁</u>拌勻，切片後上桌。

義式薑燒雞腿肉

用橄欖油炒香彩椒、櫛瓜和雞腿肉（都切成一口大小），最後加入義大利香醋、<u>生薑番茄醬汁</u>和小番茄。

唐揚炸雞的醃醬，該選什麼好？

只要醃漬的醬料不同，就能享受不同的風味。
韓式辣椒醬或咖哩粉都很對味，也非常適合當便當菜或下酒菜。
接下來還會介紹兩種炸法，一起來感受風味的變化。

PART 2 醃醬

炸雞

材料（2人份）

雞腿肉（切成4公分塊狀）……1片（400克）
喜好的醃醬（提前製作）……全部分量
食用油……適量
A｜糯米椒（用刀尖在幾處刺孔）……適量
　　彩椒（切1.5公分寬條）……各適量
太白粉……4大匙
麵粉……2大匙

製作方法

1. 將雞腿肉放入塑膠袋中，加入喜好的醃醬（上圖為大蒜醬油醬汁）按壓均勻後，放入冰箱靜置約30分鐘。
2. 將食用油加熱至180°C，放入A炸至熟透撈起。
3. 取一半的1裹上太白粉，放入170°C的炸油中炸約5分鐘取出，將油溫升至190°C後，再回炸至酥脆（左圖）。接著將另一半1改裹麵粉，以同方法炸熟（右圖）。

調味前的烹調祕訣
除了雞肉之外，豬肉和鮪魚等也可以用同樣的方式製作。

烹調重點
雞肉沒熟容易造成食物中毒，因此建議先用低溫油炸，取出後繼續以餘溫熟化，最後再高溫油炸至表面酥脆。

4種醃醬

製作方法……將所有食材混勻即可。

大蒜醬油醬汁

材料（2人份） *保存期限：冷藏1週

大蒜	2克（小1/2瓣）
醬油麴（參照P74）	10克（1/2大匙）
醬油	30克（5小匙）
味醂	30克（5小匙）

*大蒜磨成泥

蠔油芝麻醬汁

材料（2人份） *保存期限：冷藏1週

生薑	5克（1/2指節長段）
蠔油	15克（1大匙）
白芝麻醬	20克（1大匙）
醬油	8克（1/2大匙）

*生薑磨成泥

南洋咖哩醬汁

材料（2人份） *保存期限：冷藏1週

大蒜	2克（小1/2瓣）
魚露	15克（1大匙）
咖哩粉	2克（1/2小匙）
醬油	8克（1/2大匙）
蜂蜜	20克（1大匙）

*大蒜磨成泥

韓式辣蜂蜜醬汁

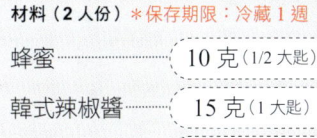

材料（2人份） *保存期限：冷藏1週

蜂蜜	10克（1/2大匙）
韓式辣椒醬	15克（1大匙）
醬油	15克（1大匙）
料理酒	15克（1大匙）

增加口感的變化！4種風味麵衣

玉米麵衣

將熟玉米粒（也可以使用玉米粒罐頭）裹在醃漬好的雞肉上，用手緊緊壓實後油炸。推薦搭配蠔油芝麻醬汁。

芝麻麵衣

將白芝麻和黑芝麻加入醃醬，與雞肉混勻後，用手緊緊壓實再油炸。最推薦搭配韓式辣蜂蜜醬汁。

燕麥麵衣

將燕麥均勻裹在醃漬好的雞肉上，用手緊緊壓實後油炸。推薦搭配南洋咖哩醬汁。

青海苔麵衣

將青海苔均勻裹在醃漬好的雞肉上，用手緊緊壓實後油炸。推薦搭配大蒜醬油醬汁。

烤魚的醃醬，適合什麼風味？

單純的烤魚固然美味，但以威士忌、八角和香草為主的西式風味，
也能帶來一番別緻的體驗。此處使用的是黃雞魚，但也適合其他魚種。

烤魚

材料（2人份）
黃雞魚（或鱸魚、鯛魚等）……1條
喜好的醃醬（提前製作）
　　……全部分量
紅洋蔥（切成薄片）……1/2個
香菜葉……適量

製作方法

1. 將魚肉片下來，在魚皮面劃幾道切痕。
2. 將 1 放入容器中，淋上喜好的醃醬（上圖為南洋威士忌醬汁），蓋上保鮮膜，放入冰箱冷藏約 30 分鐘。
3. 將 2 放入以 180 ℃ 預熱好的烤箱，烤約 7 分鐘至表面金黃酥脆。
4. 將紅洋蔥鋪底、烤魚盛盤，並附上香菜葉裝飾。

調味前的烹調祕訣 1
透過醃漬讓醃醬滲透到魚的內部，有助於去腥。此外，腥味較重的魚，可以使用混合辛香料、香料和酒的醃醬。

調味前的烹調祕訣 2
根據當天菜單選擇日式、西式、中式或南洋風味的醃醬，可以使整體風味更加統一。

4種醃醬

製作方法……將所有食材混勻即可。

南洋威士忌醬汁

材料（2人份） *保存期限：冷藏3日

大蒜	1 克（1/5 瓣）
乾蝦米	1 克（1 小匙）
香菜梗	1 克（少量）
砂糖	5 克（2 小匙）
魚露	10 克（2 小匙）
威士忌	10 克（2 小匙）

* 大蒜切末
* 乾蝦米、香菜梗切碎

中華八角醬汁

材料（2人份） *保存期間：冷藏3日

八角	1 顆
蔥花	5 克（1 根）
生薑	3 克（1/3 指節長段）
砂糖	5 克（2 小匙）
醬油	15 克（1 大匙）
紹興酒	15 克（1 大匙）

* 生薑切薄片

柚子醬汁

材料（2人份） *保存期間：冷藏3日

柚子皮	3 克（1/7 個）
醬油	15 克（1 大匙）
料理酒	15 克（1 大匙）
味醂	15 克（1 大匙）

* 柚子皮切末

香草鹽醬汁

材料（2人份） *保存期間：冷藏3日

百里香	2 克（1 枝）
羅勒	2 克（約 2 片）
檸檬（切薄片）	7 克（1 片）
鹽	1 克
胡椒	少許
橄欖油	15 克（1 大匙）

提引出魚鮮味！4種醃醬變化

酒粕醃醬

將味噌‧砂糖‧味醂（各10%）、鹽（1.2%）加入酒粕中混勻。將魚片撒鹽醃漬10分鐘後擦乾，放入酒粕醃醬中醃漬1天再烤。

米糠醃醬

取部分醃漬蔬菜的米糠，放入密封夾鏈袋中。魚片撒鹽醃漬10分鐘後擦乾，以米糠醃漬1天再烤。

味噌醃醬

將料理酒‧味醂‧砂糖（各20%）加入味噌中混勻。魚片撒鹽醃漬10分鐘後擦乾，放入味噌醃醬中醃漬1天再烤。

西京味噌醃醬

將料理酒和味醂（各5%）加入西京味噌中混勻。將魚片撒鹽醃漬10分鐘後擦乾，放入西京味噌醃醬中醃漬1天再烤。

醃漬菜的醃醬，該選什麼好？

餐桌上擺一盤解膩的醃漬小菜，感覺就變得很豐盛，做成常備菜也很方便。可以根據心情選擇醃漬成柚子或檸檬清爽風味，或是加入辣椒的辛辣系。

醃漬菜

材料（2人份）

A | 白菜（切成4公分長條）……150克
　　胡蘿蔔（切絲）……50克
　　小黃瓜（切3公分長段，再縱切4等分）……50克
喜好的醃醬（提前製作）……全部分量

製作方法

1 將 A 和喜好的醃醬（上圖為昆布柚子醃料）放入密封袋中，混勻後擠出空氣，偶爾按壓袋中食材，使其均勻入味，再放冰箱醃製約半天。

調味前的烹調祕訣 1

帶有厚度的白蘿蔔或白菜芯需要醃較久，小黃瓜或切薄片的蔬菜則入味得很快。將蔬菜切細或充分搓揉可以加快入味。

調味前的烹調祕訣 2

味道清爽的蔬菜，很適合搭配昆布或生薑。如果要加酒，酒精要揮發後再使用，會較順口。

昆布柚子醃料

材料（2人份） *保存期限：冷藏 2～3 週

塩昆布絲	3 克（1 小匙）
柚子皮絲	5 克（1/4 顆）
鹽	3 克（1/2 小匙）

番茄乾檸檬醃料

材料（2人份） *保存期限：冷藏 2～3 週

番茄乾	5 克（5 個）
檸檬片	14 克（2 片）
鹽	3 克（1/2 小匙）
胡椒	少許

*番茄乾切碎

4 種醃醬

製作方法……將所有食材混勻即可。

南蠻風味醃醬

材料（2人份） *保存期限：冷藏 2～3 週

紅辣椒	5 克（1 根）
昆布	3 克（約 3 公分）
大蒜	1 克（1/5 瓣）
醬油	15 克（1 大匙）
味醂	10 克（1/2 大匙）

*昆布切細絲
*大蒜切薄片
*味醂不蓋保鮮膜，微波加熱 10 秒至冒出蒸汽

南洋風味醃醬

材料（2人份） *保存期限：冷藏 2～3 週

紅辣椒	0.5 克（少量）
大蒜	1 克（1/5 瓣）
魚露	5 克（1 小匙）
蜂蜜	10 克（1/2 大匙）

*紅辣椒切圓片
*大蒜切薄片

享受蔬菜的變化！4 種食材變化

蕪菁漬物

將蕪菁（莖切成 3 公分長，果實切 0.3 公分片）用鹽輕輕搓揉至稍微軟化後擦乾，放入昆布柚子醃料中醃製。

*編註：蕪菁在台灣較少見，也可以換成大頭菜或蘿蔔。

櫛瓜漬物

將櫛瓜（切成厚 3 公分的圓片）撒鹽，待軟化後擦乾，放入番茄乾檸檬醃料中醃製。

高麗菜漬物

將高麗菜（切成一口大小）用鹽輕輕搓揉至稍微軟化後，擦乾水分，放入南洋風味醃醬中醃製。非常推薦！

蕈菇漬物

將鴻禧菇、香菇、金針菇（都切成一口大小）放入鍋中，倒入料理酒加熱，待酒精揮發、菇類變軟後，放入南蠻風味醃醬中醃漬。

醋漬蔬菜的醋漬液該用什麼?

使用多種蔬菜製作的醋漬蔬菜,不僅色彩豐富,營養也豐富。
以醋為基底,變換加入的調味料,創造出不同風味。

醋漬蔬菜

材料(2人份)
喜好的醋漬液(提前製作)
　　……全部分量
喜好的蔬菜(胡蘿蔔・小黃瓜・
　彩椒・白蘿蔔・西洋芹等/切
　4公分長條)
　　……200克

製作方法
1 在鍋中加入自己喜好的醋漬液,用中火加熱(上圖為中式薑味醋漬液),沸騰後加入蔬菜,再次沸騰後關火,自然放涼。

＊放入保存容器,冷藏保存3週

調味前的烹調祕訣
中式醋漬液適合用在中式料理常用的食材,日式則不妨挑選烤魚常用的配菜。

調味用法
如果醋漬液還有剩,可以加入芝麻油做涼拌醬,或是當沙拉醬使用,用來做泰式涼拌海鮮粉絲或冬粉沙拉也很不錯。

PART2 醃醬

4種醋漬液

製作方法……將所有食材混勻即可。

中式薑味醋漬液

材料（2人份） *保存期限：冷藏 2～3 週

八角	1 顆
生薑	5 克 (1/2 指節長段)
砂糖	25 克 (3 大匙)
鹽	1 克
醋	100 克
醬油	20 克 (1 大匙)
紹興酒	15 克 (1 大匙)
水	200 克

＊生薑切薄片

南洋醋漬液

材料（2人份） *保存期限：冷藏 2～3 週

紅辣椒	1 根
大蒜	10 克 (2 瓣)
香菜根	1 株
魚露	10 克 (2 小匙)
砂糖	40 克
鹽	2 克 (1/3 小匙)
醋	100 克
水	200 克

梅乾昆布醋漬液

材料（2人份） *保存期限：冷藏 2～3 週

梅乾	16 克 (小 3 顆)
昆布	3 克 (3 公分塊狀)
砂糖	40 克
鹽	8 克 (1/2 大匙)
醋	100 克
水	200 克

香草醋漬液

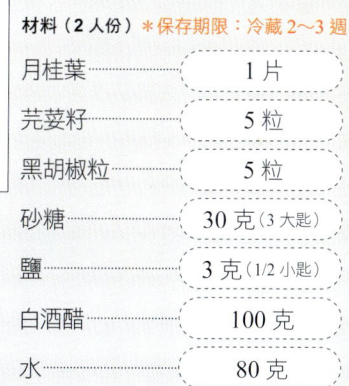

材料（2人份） *保存期限：冷藏 2～3 週

月桂葉	1 片
芫荽籽	5 粒
黑胡椒粒	5 粒
砂糖	30 克 (3 大匙)
鹽	3 克 (1/2 小匙)
白酒醋	100 克
水	80 克

風味更多樣！4種醋漬食材

醋漬鵪鶉蛋綜合豆

將鵪鶉蛋（水煮）、綜合豆類（水煮）洗淨並擦乾，與中式薑味醋漬液一同放入鍋中，煮沸後關火放涼。

醋漬地瓜

將地瓜（切 1 公分厚片）泡水後擦乾。放入用橄欖油熱鍋的平底鍋內，煎至竹籤能穿透即取出，與梅乾昆布醋漬液一同放入鍋中，煮沸後關火放涼即可。

醋漬彩色番茄

將彩色小番茄（去除蒂頭）快速汆燙後，去除外皮，與南洋醋漬液一同放入鍋中，煮沸後關火放涼。

醋漬葡萄

將可連皮吃的葡萄一粒粒摘下後洗淨擦乾，與香草醋漬液一同放入鍋中，煮沸後關火放涼。

醃泡蔬菜時，該選什麼醃泡液？

只要學會日式、西式、中式、南洋風味的醃泡液，就能將喜歡的肉、魚、蔬菜，快速做成美味的醃泡料理。

PART 2 醃漬汁

醃泡蔬菜

材料（2人份）
花椰菜（切小朵）……150克
水煮章魚（切薄片）……80克
喜好的醃泡液（提前製作）
……全部分量

製作方法

1. 花椰菜用鹽水燙熟後，將所有材料放入密封容器均勻混合。密封後，放進冰箱冷藏靜置約30分鐘（上圖為奇異果醃泡液）。

調味前的烹調祕訣 1
醃泡的基本要素是酸味、鹹味、油脂和香氣，因此各種味道的平衡非常重要。

調味前的烹調祕訣 2
將柑橘類的酸味或皮屑加入海鮮中，吃起來更加開胃可口。如果想要更清爽，可以去除醃泡液中的油脂。

4種醃泡液

製作方法……將所有食材混勻即可。

奇異果醃泡液

材料（2人份） ＊保存期限：冷藏3天

奇異果	60 克（大 1/2 顆）
檸檬汁	30 克（2 大匙）
鹽	2 克（1/3 小匙）
胡椒	少許
橄欖油	30 克（2 大匙）

＊奇異果切 0.5 公分小丁

櫻葉山葵醬油醃泡液

材料（2人份） ＊保存期限：冷藏2～3週

鹽漬櫻花葉	3 克（1.5 片）
山葵泥	1 克（1/3 小匙）
醋	15 克（1 大匙）
薄鹽醬油	5 克（1 小匙）
玄米油	15 克（1 大匙）

＊鹽漬櫻花葉切碎

異國風葡萄柚醃泡液

材料（2人份） ＊保存期限：冷藏3天

葡萄柚果肉	30 克（1/10 顆）
葡萄柚汁	20 克（1 大匙）
生薑	1 克（少量）
芫荽籽	0.3 克（1/2 小匙）
魚露	5 克（1 小匙）
醋	10 克（2 小匙）
鹽・黑胡椒	各少許
橄欖油	10 克（1 大匙）

＊葡萄柚果肉切 1 公分塊狀
＊生薑切末
＊芫荽籽粗略搗碎

五香蠔油醃泡液

材料（2人份） ＊保存期限：冷藏2～3週

蠔油	15 克（1 大匙）
醋	15 克（1 大匙）
五香粉	0.2 克（1/4 小匙）
芝麻油	15 克（1 大匙）

風味更多樣！4種醃泡食材

醃泡鮭魚洋蔥

將鮭魚（生食用）、洋蔥和西洋芹（都切成薄片）與異國風葡萄柚醃泡液拌勻醃泡。

醃泡蕈菇

將蘑菇、杏鮑菇（都切成一口大小）放入用橄欖油熱鍋的平底鍋中炒熟，取出後與五香蠔油醃泡液拌勻醃泡。

醃泡蝦葡萄柚

將葡萄柚（剝皮後取出果肉）、水煮蝦和小黃瓜（去皮切成不規則狀）與奇異果醃泡液攪拌均勻醃泡。

醃泡蓮藕牛肉

將蓮藕（切成 0.2 公分厚的半月形）用鹽水汆燙後取出，再將牛肉片快速汆燙後瀝乾，與櫻葉山葵醬油醃泡液拌勻醃泡。

嫩煎肉排
要佐什麼醬汁？

即使是同一塊牛排，搭配的醬汁不一樣就截然不同。
不僅適用於牛肉，也能用於豬排或雞排。

煎牛排

材料（2 人份）

牛里肌排⋯⋯2 片（400 克）
鹽⋯⋯1/5 小匙
胡椒⋯⋯適量
奶油⋯⋯10 克
胡蘿蔔（切成 0.5 公分圓片並修邊）⋯⋯1/3 根
小顆洋蔥（縱向切半）⋯⋯3 顆
A｜砂糖⋯⋯1 小匙
　｜水⋯⋯100 毫升
　｜鹽・胡椒⋯⋯各少許
水芥菜⋯⋯2 根
喜好的醬汁（提前製作）⋯⋯全部分量

製作方法

1. 將牛排斷筋，撒鹽、胡椒後，用手揉勻。用肉錘敲打牛肉使其延展，再靜置室溫約 20 分鐘。

2. 在平底鍋中放奶油（5 克），加熱至焦糖色時，放入 1 再轉大火，一邊煎一邊移動肉，使整體均勻受熱，接著將肉推到鍋邊，讓側面也煎熟。翻面續煎到肉汁浮出即可取出。

3. 在另一鍋內放入奶油（5 克）加熱，放入胡蘿蔔、洋蔥煎，再加入 A，蓋上鍋蓋。以小火燉煮至熟透後，打開鍋蓋，煮至收汁。

4. 將 2、3 裝入盤中，放上水芥菜，將喜好的醬汁加熱後淋上即可（上圖為無花果紅酒醬汁）。

調味前的烹調祕訣 1
肉的筋很硬，要確實切斷，才不會在加熱後縮起來。

調味前的烹調祕訣 2
用肉錘打過的肉排，肉質會更柔軟多汁。

調味前的烹調祕訣 3
將肉壓住煎熟，可以防止肉翹起，熟得更均勻。

4種風味佐醬

無花果紅酒醬汁

材料（2人份） ＊保存期限：冷藏3天

A
無花果蜜餞	30克
洋蔥	30克
紅酒	80克
小牛高湯（或西式雞高湯）	80克
太白粉	1.5克（1/2小匙）
水	5克（1小匙）
鹽・胡椒	適量
奶油	5克（1小匙）

＊無花果切成1公分塊狀
＊洋蔥切末
＊太白粉與水拌溶

製作方法
鍋中放入奶油熱鍋，加入A，以中火炒至稍微變色後，加入紅酒，煮至收汁到1/3量。加入高湯、鹽和胡椒調味，再倒入太白粉水勾芡拌勻即可。

藍紋起司醬汁

材料（2人份） ＊保存期限：冷藏3天

| 洋蔥 | 10克 |

A
藍紋起司	15克（1大匙）
鮮奶油	15克（1大匙）
白葡萄酒	15克（1大匙）
西式雞高湯	50克（3大匙）
奶油	5克（1小匙）
鹽・胡椒	各適量

＊洋蔥切末

製作方法
在鍋中放入奶油熱鍋，加入洋蔥，以小火炒至軟化。加入A，以鹽和胡椒調味（鹽量根據藍紋起司的鹹度調整）。

香草檸檬奶油

材料（2人份） ＊保存期限：冷藏1週

巴西里碎（新鮮）	3克（3株）
檸檬汁	5克（1小匙）
奶油	50克（4大匙）
鹽	1克
胡椒	少許

製作方法
將奶油放置室溫軟化，與所有材料拌勻後，放在保鮮膜上，做成2〜3公分的棒狀後，將保鮮膜兩端扭緊，冷藏約30分鐘至變硬，再切成1公分厚的圓片。

和風蒜檸醬汁

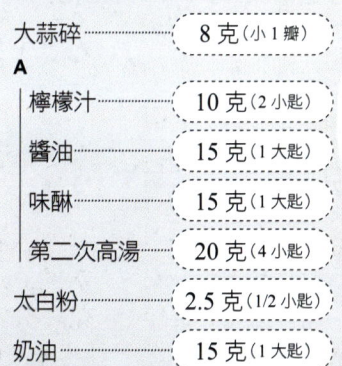

材料（2人份） ＊保存期限：冷藏3天

| 大蒜碎 | 8克（小1瓣） |

A
檸檬汁	10克（2小匙）
醬油	15克（1大匙）
味醂	15克（1大匙）
第二次高湯	20克（4小匙）
太白粉	2.5克（1/2小匙）
奶油	15克（1大匙）

製作方法
在鍋中放入奶油熱鍋，加入蒜碎，以中火炒至金黃色，再加入拌勻的A，一邊攪拌一邊加熱至濃稠。

嫩煎魚排
要佐什麼醬汁？

這裡示範的是鱸魚，但其他的魚類也很適合，
透過變換醬汁加上變換食材，就能做出更多變化。

嫩煎鱸魚排

材料（2人份）
鱸魚片（在皮面劃刀痕）⋯⋯2 片
A｜鹽⋯⋯鱸魚重量的 1%
　｜胡椒⋯⋯少許
　｜麵粉⋯⋯2 小匙
喜好的醬汁（提前製作）⋯⋯5 大匙
熟豌豆莢⋯⋯2 個
奶油⋯⋯5 克
橄欖油⋯⋯5 克

製作方法
1 將 A 均勻抹在鱸魚片上。
2 奶油和橄欖油放入平底鍋中加熱後，將 1 皮面朝下入鍋，開中火，一邊用鍋鏟輕壓一邊煎 3～4 分鐘至表面金黃、幾乎熟透時，翻面關火，用餘溫加熱至熟透即可。
3 將喜好的醬汁（上圖為甜椒醬汁）加熱後倒入盤中，再放上 2，並以豌豆莢裝飾即可。

調味前的烹調祕訣 1
魚片厚處多抹一些鹽和胡椒，薄處則略少，這樣整體的味道就能夠更均勻。

調味前的烹調祕訣 2
鱸魚用橄欖油和略焦糖化的奶油煎過，能使魚皮香脆並增加風味。

調味前的烹調祕訣 3
將鱸魚皮面朝下放入鍋中煎，同時一邊輕壓，避免魚皮捲起、受熱不均。

4種風味佐醬

甜椒醬汁

材料（2人份） *保存期限：冷藏3天

材料	份量
紅甜椒	60 克（1/3 顆）
洋蔥	60 克（中 1/3 顆）
白葡萄酒	30 克（2 大匙）
A	
西式雞高湯	200 克
鹽	少許
奶油	5 克（1 小匙）
橄欖油	5 克（1 小匙）

＊甜椒、洋蔥切1公分小丁

製作方法
在鍋中放入奶油和橄欖油加熱，加入甜椒和洋蔥，用小火慢慢炒軟。倒入白葡萄酒，炒至酒精揮發後，加入 A，蓋上鍋蓋，燉煮約 10 分鐘，再以果汁機打勻，倒回鍋中煮至喜歡的濃度。

洋蔥奶油醬汁

材料（2人份） *保存期限：冷藏3天

材料	份量
洋蔥	20 克（中 1/10 匙）
白葡萄酒	30 克（2 大匙）
麵粉	5 克（1/2 大匙）
A	
鮮奶油	60 克（4 大匙）
西式雞高湯	100 克
鹽・胡椒	各少許
奶油	10 克（2 小匙）

＊洋蔥切末

製作方法
將奶油放入鍋中加熱後，加入洋蔥，用小火炒至軟化。放入麵粉，翻炒約 1 分鐘後，倒入白葡萄酒炒至酒精揮發，最後再加入 A 調味，煮到喜歡的濃度即可。

海藻青蔥醬汁

材料（2人份） *保存期限：冷藏3天

材料	份量
青蔥	15 克（5 公分）
料理酒	15 克（1 大匙）
A	
薄鹽醬油	15 克（1 大匙）
第二次高湯	100 克
海藻	3 克（3 大匙）
橄欖油	10 克（2 小匙）

＊蔥切碎

製作方法
在鍋中倒入橄欖油熱鍋，放入蔥，小火炒至軟化後，倒入料理酒，炒至酒精揮發，再加入 A，煮約 5 分鐘。最後放入海藻煮沸即可。

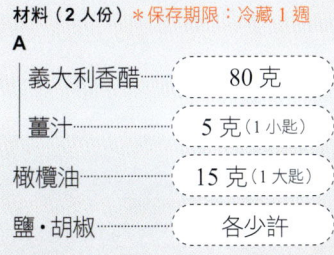

義大利香醋醬汁

材料（2人份） *保存期限：冷藏1週

材料	份量
A	
義大利香醋	80 克
薑汁	5 克（1 小匙）
橄欖油	15 克（1 大匙）
鹽・胡椒	各少許

製作方法
將 A 放入鍋中，以小火煮至略為濃稠、減少至原來 1/4 的量後，加入剩餘的材料。

香煎蔬菜的醬汁
該選什麼好？

將喜愛的蔬菜簡單煎熟，再依照心情選擇醬汁，
就可以盡情享受日式和西式的風味切換。

香煎蔬菜

材料（2人份）

大蒜（壓碎）……1/2 瓣

A｜杏鮑菇（縱切成 0.5 公分厚的片狀，在表面劃斜格刀痕）……1 根
　｜櫛瓜（切成 0.5 公分圓片，在表面劃斜格刀痕）……1/2 根
　｜百里香……1 枝

番茄（對半切）……小 1 個

喜好的醬汁（提前製作）……全部分量

橄欖油……1 大匙

製作方法

1. 在平底鍋中倒入橄欖油加熱，將大蒜爆香後，放入 A，以中大火煎至蔬菜表面金黃上色後，翻面續煎。

2. 接著在 1 中放入番茄，將平切面朝下，煎至上色後翻面，再煎約 1 分鐘。

3. 將 1、2 盛盤，將喜好的醬汁（上圖為孜然蠔油醬汁）加熱後淋入即可。

調味前的烹調祕訣 1
在蔬菜表面劃出斜格刀痕，會更快熟透。

調味前的烹調祕訣 2
除了橄欖油，百里香也可以增添宜人的香氣。

調味前的烹調祕訣 3
由於番茄會出水，先將其他蔬菜煎過後再加入鍋中，用大火快速煎上色。

PART 2｜佐醬

4種風味佐醬

孜然蠔油醬汁

材料（2人份） ＊保存期限：冷藏3天

A
大蒜末	2 克（1/3 瓣）
松子	4 克（1 小匙）
孜然籽	1 克（1/2 小匙）

B
蠔油	15 克（1 大匙）
雞高湯	100 克
太白粉	1.5 克（1/2 小匙）
芝麻油	15 克（1 大匙）

製作方法
在鍋中加熱芝麻油後，加入 A，以小火炒至香氣四溢，再加入混勻的 B，一邊攪拌一邊煮至濃稠。

鯷魚奶油醬汁

材料（2人份） ＊保存期限：冷藏3天

大蒜	3 克（1/2 瓣）

A
鯷魚	10 克（2 片）
白葡萄酒	30 克（2 大匙）
水	45 克（3 大匙）
太白粉	1.5 克（1/2 小匙）
胡椒	少許
奶油	30 克（2 大匙）

＊大蒜切末
＊鯷魚切碎

製作方法
在鍋中放入奶油和大蒜，以中火炒至大蒜變色後，加入混勻的 A，炒至酒精揮發，再以胡椒調味即可。

香濃奶油醬汁

材料（2人份） ＊保存期限：冷藏3天

A
生薑末	3 克（1/3 指節長段）
蔥末	8 克（2.5 公分）
醬油	15 克（1 大匙）
味醂	15 克（1 大匙）
奶油	10 克（2 小匙）

製作方法
在鍋中將奶油加熱後，加入 A，以小火炒至香氣四溢，再加入味醂，炒至酒精揮發後加入醬油。

奶油培根醬汁

材料（2人份） ＊保存期限：冷藏3天

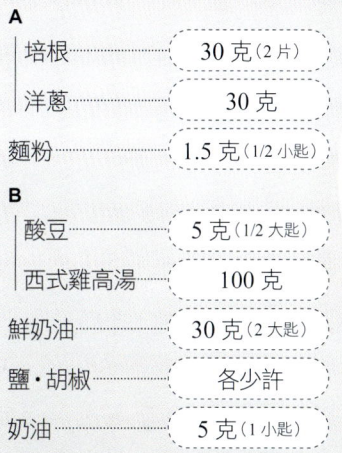

A
培根	30 克（2 片）
洋蔥	30 克
麵粉	1.5 克（1/2 小匙）

B
酸豆	5 克（1/2 大匙）
西式雞高湯	100 克
鮮奶油	30 克（2 大匙）
鹽・胡椒	各少許
奶油	5 克（1 小匙）

＊培根、洋蔥切成 0.5 公分小丁
＊酸豆切末

製作方法
在鍋中加熱奶油後，放入 A，以中火炒至軟化，再加入麵粉炒到均勻、沒有粉末感後，加入 B 略煮，再倒入鮮奶油，以鹽、胡椒調味。

| Column

以醬料做預調理常備菜

麻辣味噌醬的常備菜！

製作方法
將所有食材混勻即可。

材料
- 蔥末⋯⋯8 克
- 生薑末⋯⋯1/10 指節長段
- 蠔油⋯⋯1 大匙
- 太白粉⋯⋯1 小匙
- 醬油⋯⋯1 大匙
- 料理酒⋯⋯1 大匙
- 甜麵醬⋯⋯1 大匙
- 胡椒⋯⋯少許

透過敲打，讓肉質變軟嫩！

回鍋肉

材料（2 人份）
- 豬肉片⋯⋯200 克
- 麻辣味噌醬（如上）⋯⋯全部分量
- A 高麗菜（切成 4 公分塊狀）⋯⋯2 片
  青椒（切成寬 2 公分、長 5 公分）⋯⋯2 個

製作方法：預先處理食材＋醃漬

1. 使用肉錘輕敲豬肉，讓肉質更軟嫩。
2. 將 1 和麻辣味噌醬放入碗中，充分拌勻。
3. 將 A 放入密封袋中，加入 2，擠出空氣後封口。

＊冷藏保存 2 天，冷凍保存 2〜3 週（如果是冷凍，烹調前先冷藏解凍 1 天，再以同樣方式炒熟）。

烹調的方法

在平底鍋中倒入芝麻油（2 小匙）加熱，放入用麻辣味噌醬醃漬好的回鍋肉（如上），在鍋中攤平後，大火炒至水分蒸發、出現香氣，最後放入蔬菜拌炒均勻。

提前用醬料將食材預調理作為半成品，
忙碌時也能輕鬆快速上菜，非常方便。

黑醋醬汁的常備菜！

材料
生薑泥……1 指節長段
太白粉……2 小匙
砂糖……1 大匙
黑醋……2 大匙
醬油……1 小匙
紹興酒……1 大匙
甜麵醬……1 大匙

製作方法
將所有食材混勻即可。

甜酸濃郁的醬汁！

黑醋炒牛肉

材料（2人份）
蓮藕（切成 0.5 公分厚片）……80 克
A｜牛肉片……250 克
　｜洋蔥（切成 1 公分粗絲）……1/3 顆
　｜彩椒（紅・黃／切成 1 公分粗絲）……各 1/3 顆
　｜青椒（切成 1 公分粗絲）……1 個
　｜香菇（斜切片）……2 片
　｜黑醋醬汁（如上）……全部分量

製作方法：
預先處理食材＋醃漬

將蓮藕煮熟後，放入碗中，和 A 一起拌勻，再放入密封袋中，擠出空氣後封口。

＊冷藏保存 2 天，冷凍保存 2～3 週（如果是冷凍，烹調前先冷藏解凍 1 天，再以同樣方式炒熟）。

烹調的方法

在平底鍋中倒入芝麻油（2 小匙）熱鍋，放入用黑醋醬汁醃好的黑醋炒牛肉（如上），先在鍋中攤平後，大火炒至水分蒸發、香氣四溢為止。

Column　以醬料做預調理常備菜

奶油醬的常備菜！

材料
鮮奶油……40 毫升
太白粉……2 小匙
鹽……1/3 小匙
料理酒……1 大匙
雞高湯……200 毫升
胡椒……少許

製作方法
將所有食材混勻即可。

這些料理也適用！

鬆軟可口炒蛋
在碗中打入雞蛋（3 顆）、蟹肉棒（2 根／撕開）、奶油醬（3 大匙）攪拌均勻。將奶油（5 克）放入熱好鍋的平底鍋中，邊攪拌邊加熱至半熟。

鱈魚和奶油的銷魂滋味！
奶油醬燉鱈魚

材料（2 人份）
鱈魚片（切成 6 等分）……2 片
A｜白菜（切 4 公分斜片）……100 克
　｜綠花椰菜（切成小朵）……60 克
　｜金針菇（切掉根部，切半）……60 克
　｜薑末……1/3 指節長段
奶油醬（如上）……全部分量

製作方法：預先處理食材＋醃漬

1. 鱈魚均勻抹鹽（分量外），靜置約 10 分鐘，以熱水快速汆燙後，浸泡在水中去除魚鱗，並拭乾水分。
2. 將 1 和 A 放入密封袋中，擠出空氣後封口。

＊冷藏保存 2 天，冷凍保存 3 週（如果是冷凍，烹調前先放冷藏解凍 1 天，再以同樣方式炒熟）。

烹調的方法

在平底鍋中倒入奶油醬燉鱈魚（如上），開中火，一邊燉煮一邊輕輕翻動鍋底。

中式燴醬的常備菜！

材料
太白粉……1 大匙
鹽……1/6 小匙
醬油……2 小匙
料理酒……1 大匙
雞高湯……80 毫升
胡椒……少許

製作方法
將所有食材混勻即可。

這些料理也適用！

芡汁燴煮南瓜
將芝麻油（2 小匙）倒入平底鍋加熱，放入南瓜片（200 克／切 1 公分寬），以小火煎至竹籤可以輕鬆刺穿，再加入中式燴醬（4 大匙）拌勻即可。

料多實在的滿足感！
海鮮八寶菜

材料（2 人份）
蔥花……8 克
薑末……1/10 指節長段
芝麻油……1 小匙

A｜蝦（用竹籤挑出背部腸泥，剝殼）……6 尾
　｜魷魚卷（劃出斜格刀痕後，切成一口大小）……80 克
　｜帆立貝貝柱……4 個

B｜青江菜（切 4 公分長段）……1 株
　｜熟竹筍（切 0.5 公分片狀）……60 克
　｜鵪鶉蛋（水煮）……6 個
　｜中式燴醬（如上）……全部分量

製作方法：
預先處理食材＋醃漬

1 在平底鍋中倒入芝麻油加熱，加入蔥花、薑末，用中火爆香，接著加入 A，翻炒約 1 分鐘後放涼。

2 將 1 和 B 放入密封袋中，擠出空氣後封口即可。

＊冷藏保存 2 天，冷凍保存 3 週（如果是冷凍，烹調前先冷藏解凍 1 天，再以同樣方式炒熟）。

烹調的方法

平底鍋倒入芝麻油（1 小匙）加熱，放入用中式燴醬醃漬的海鮮八寶菜（如上），開中火，輕輕從鍋底往上拌炒至入味熟透。

137

| Column | 以醬料做預調理常備菜 |

和風醬汁的常備菜！

材料
砂糖……3 小匙
醬油……1 大匙
料理酒……2 大匙
味醂……2 大匙
第二次高湯……100 毫升

製作方法
將所有食材混勻即可。

這些料理也適用！

浸煮鴻禧菇番茄
將和風醬汁（全部分量）、鴻禧菇（80 克／剝散）、小番茄（4 顆）放入鍋中，中火煮約 3 分鐘後放涼。

透過醃製讓味道完全滲透！
雞肉筑前煮

材料（2 人份）

A｜芋頭（切滾刀塊）……2 顆
　｜牛蒡（切滾刀塊）……1/3 根
　｜胡蘿蔔（切滾刀塊）……1/2 根

B｜雞腿肉（切 3 公分塊狀）……1 片（300 克）
　｜熟竹筍（切滾刀塊）……60 克
　｜香菇（切半）……2 片
　｜生薑末……1 小匙

和風醬汁（如上）……全部分量

製作方法：預先處理食材＋醃漬

將 A 用熱水快速汆燙，連同 B 與和風醬汁一起放入密封袋中，擠出空氣後密封。

＊冷藏保存 2 天，冷凍保存 3 週（如果是冷凍，烹調前先冷藏解凍 1 天，再以同樣方式炒熟）。

烹煮的方法

將用和風醬汁醃好的雞肉筑前煮（如上）倒入濾網中，將湯汁和食材分開。在平底鍋中加熱芝麻油（2 小匙），先放入食材，中火翻炒至香氣出現後，再加入湯汁，蓋上鍋蓋煮約 10 分鐘。

優格咖哩醬汁的常備菜！

材料
原味優格⋯⋯100 克
咖哩粉⋯⋯2 小匙
紅椒粉⋯⋯2 小匙
鹽⋯⋯2/3 小匙
橄欖油⋯⋯2 小匙

製作方法
將所有食材混勻即可。

這些料理也適用！

小黃瓜優格沙拉
將小黃瓜（2 根／削皮後切 0.5 公分圓片）抹鹽（少許），靜置約 10 分鐘後擦乾，再和優格咖哩醬汁（3 大匙）、葡萄乾（5 克）一起放入碗中拌勻，靜置 10 分鐘入味。

優格讓風味更深醇！
印度烤雞

材料（2 人份）
馬鈴薯（切成半月形）⋯⋯1 顆
A｜雞胸肉（切 6 等分）⋯⋯1 片（300 克）
　　大蒜泥⋯⋯1/3 瓣
　　生薑泥⋯⋯1/3 指節長段
　　彩椒（紅・黃／切成與馬鈴薯同寬）⋯⋯各 1/3 顆
　　櫛瓜（切成與馬鈴薯同寬）⋯⋯1/4 根
優格咖哩醬汁（如上）⋯⋯全部分量

製作方法：預先處理食材＋醃漬
將馬鈴薯煮約 5 分鐘後放涼，與 A 和優格咖哩醬汁一起放入密封袋中，混合均勻後，擠出空氣並封口。

＊冷藏保存 2 天，冷凍保存 3 週（如果是冷凍，烹調前先冷藏解凍 1 天，再以同樣方式炒熟）。

烹煮的方法
在鋪有烘焙紙的烤盤上，均勻鋪開印度烤雞（如上），放入以 190°C 預熱好的烤箱中，烤 20 分鐘至表面金黃酥脆。

食品建議量速查表②

本書的食譜中所列食材的食品建議量,可在速查表①(P88)及速查表②中介紹查詢。請參考使用。

薯類・芋類

食品名稱	建議量	淨重
芋頭	1 顆	70 克
馬鈴薯	1 顆	135 克
山藥	10 公分	250 克

乳製品

食品名稱	建議量	淨重
杏仁牛奶	1 盒	1000 毫升
牛奶	1 大匙	15 克
椰奶	1 大匙	15 克
煉乳	1 大匙	21 克
披薩用起司	1 大匙	8 克
鮮奶油	1 大匙	15 克
花生醬	1 大匙	18 克
原味優格	1 大匙	15 克

豆類・豆類加工品

食品名稱	建議量	淨重
炸豆皮	1 片	30 克
油豆腐	1 塊	200 克
豆漿	1 大匙	15 克
凍豆腐	1 片	17 克
嫩豆腐	1 塊	300 克
板豆腐	1 塊	300 克
納豆	1 盒	40 克
冬粉	1 袋(大)	100 克
綜合豆	1 袋(水煮)	150 克

水果類・水果加工品

食品名稱	建議量	淨重
酪梨	1 顆	140 克
橄欖	1 顆	5 克
奇異果	1 顆	100 克
葡萄柚	1 顆	340 克
果醬	1 大匙	21 克
柑橘	1 顆	20 克
八角	1 顆	1.5 克
麝香葡萄	1 顆	10 克
柚子	1 顆	80 克
柚子皮	1 顆分量	20 克
蘋果	1 顆	250 克
檸檬	1 顆	30 克
萊姆	1 顆	95 克
萊姆皮	1 顆分量	15 克

＊建議量與淨重是根據本書中的食譜而定。

堅果類

食品名稱	建議量	淨重
核桃	1 粒	4 克
松子	5 粒	1 克

香草類

食品名稱	建議量	淨重
巴西里	1 株	14 克
羅勒(九層塔)	1 株	14 克
芝麻葉	1 株	7 克

漬物類

食品名稱	建議量	淨重
鯷魚	1 片	5 克
鹽漬魷魚	1 大匙	18 克
煙燻蘿蔔漬	1 片	5 克
酸梅	1 粒	10 克
白菜泡菜	1 盒	300 克
榨菜	1 片	5 克
鹽漬櫻花葉	1 片	2 克
高菜漬	1 袋	120 克
醃菜	1 條	17 克

主食・粉類

食品名稱	建議量	淨重
米飯	1 碗	150 克
米	1 杯	150 克
泰國米	1 杯	150 克
米紙	1 片	10 克
烘焙米粉(米磨成粉)	1 大匙	9 克
什穀	1 大匙	15 克
生米麴	1 大匙	18 克
水煮烏龍麵	1 球	200 克
油麵	1 球	150 克
乾燥義大利麵	1 人份	80 克
米粉	1 袋	150 克
麵粉	1 大匙	9 克
太白粉	1 大匙	9 克

糖類・酒類・油

食品名稱	建議量	淨重
砂糖	1 大匙	9 克
砂糖	1 小匙	3 克
細砂糖	1 大匙	12 克
細砂糖	1 小匙	4 克
黑糖	1 大匙	9 克
黑糖	1 小匙	3 克
蜂蜜	1 大匙	21 克
蜂蜜	1 小匙	7 克
味醂	1 大匙	18 克
味醂	1 小匙	6 克
油(沙拉油／橄欖油／芝麻油)	1 大匙	12 克
油(沙拉油／橄欖油／芝麻油)	1 小匙	4 克

part **3**

讓家常菜華麗變身！
一道料理×
多種基底醬

每天吃燉肉、煮魚、炒菜等家常料理，
久了難免也有想要換換口味的時候。
這時只要加入不同基底醬，就能讓同樣的一道菜，
輕鬆變化出更多風味，豐富一日三餐的選擇！

改變家常菜的調味和食材，
輕鬆端出日式、西式、中式、南洋料理！

雖然大家都喜歡家常料理，但偶爾也想換口味，尤其聽到家人說出：「怎麼又吃這個？」的時候。當遇到這個情況時，不妨使出祕密武器──基底醬！只要加進去就能改變料理風味，變出一道新菜色。

如果常吃醬煮魚，可以改用味噌或西式基底醬，讓家常口味大不同！小朋友最愛的肉醬也是，偶爾換成味噌、咖哩口味，孩子們也會吃得更開心，食慾大開！此外，也可以根據基底醬改變食材，享受料理的更多魅力。

例如，常見的醬煮魚，只要用基底醬改變風味⋯⋯

本來的日式感，變成了西式料理！

- 醬油基底醬 
- 味噌基底醬 
- 西式基底醬

例如，孩子們最愛的肉醬，依照基底醬挑選搭配的食材⋯⋯

日式、南洋風肉醬也好好吃！

- 番茄基底醬 
- 味噌基底醬 
- 咖哩基底醬

芝麻涼拌菜
也能享受
3 種滋味！

醬煮魚

經過燉煮、充分入味的魚肉，
帶有家的溫暖滋味。
以醬油、味噌等基底醬，
搭配鱸魚、鱈魚等白肉魚燉煮，
吃起來也別有一番風味。

醬油基底醬

煮 2 片魚的量

生薑片	4 片
砂糖	1 大匙
醬油	2 大匙
料理酒	3 大匙
味醂	2 大匙
水	200 毫升

PART 3 〔日式〕燉煮料理的調味

調味前的烹調秘訣 1
在鰈魚皮面上的切口要切至骨頭，
這樣醬汁更容易入味。

日本家常菜代表！

醬煮鰈魚

材料（2 人份）
鰈魚片……2 片
鹽……適量
醬油基底醬……全部分量
牛蒡……1/2 根

製作方法

1. 在鰈魚的皮面劃十字切口，撒鹽後抹勻，靜置約 10 分鐘。在魚肉上沖 90°C 的熱水到魚身變白後，放入冷水中，用手搓去魚鱗和黏膜。
2. 牛蒡切成寬 0.5 公分、長 0.6 公分的條狀，浸泡在水中約 10 分鐘去除澀味，再放入沸水中煮約 10 分鐘。
3. 在鍋中加入醬油基底醬和 **2**，煮沸後放入 **1**，再蓋上落蓋，中火煮約 5 分鐘後取下落蓋。一邊將煮汁淋在鰈魚上，一邊煮 3～4 分鐘。

調味前的烹調秘訣 2
將鰈魚以熱水沖燙後，立即放入冷水中，可以輕鬆去除魚鱗和黏膜，並消除腥味，讓魚肉更加美味。

味噌基底醬

煮 2 片魚的量

A
- 生薑片 —— 4 片
- 砂糖 —— 1 大匙
- 料理酒 —— 2 大匙
- 味醂 —— 1 大匙
- 水 —— 200 毫升

B
- 醬油 —— 1 小匙
- 味噌 —— 2 大匙

西式基底醬

煮 2 片魚的量

A
- 醬油 —— 1 大匙
- 白葡萄酒 —— 2 大匙
- 蜂蜜 —— 2 大匙
- 水 —— 200 毫升

B
- 小番茄（紅）—— 4 顆
- 小番茄（黃）—— 2 顆
- 黑橄欖 —— 4 顆
- 酸豆 —— 1 小匙

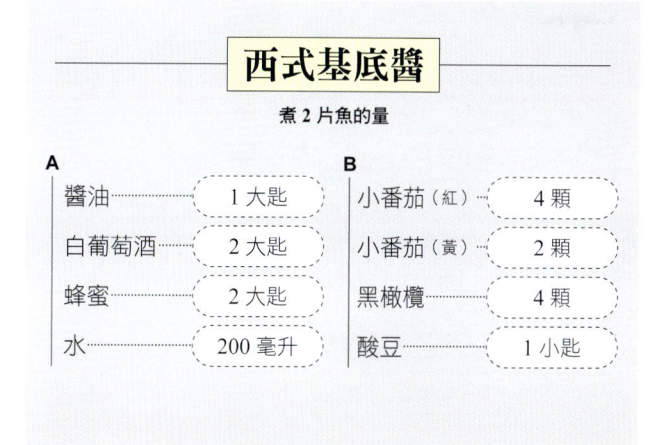

香氣濃郁，非常下飯！
味噌煮鰈魚

材料（2 人份）
- 鰈魚片（皮面劃十字切口）—— 2 片
- 味噌基底醬 —— 全部分量
- 薑絲・日本山椒葉 —— 各適量

製作方法

1. 在鰈魚皮面劃十字切口，撒鹽（分量外）後抹勻，靜置 10 分鐘。沖 90℃ 熱水，再放入冷水中，搓去魚鱗和黏膜。
2. 在鍋中加入味噌基底醬 **A**，煮沸後放入 **1**，蓋上落蓋，中火煮約 5 分鐘後取下落蓋。加入先用煮汁拌溶的 **B**，淋在鰈魚上 3～4 分鐘。
3. 將鰈魚盛盤，淋上煮汁，再撒薑絲和日本山椒葉裝飾。

酸與甜的完美搭配！
橄欖燉鰈魚

材料（2 人份）
- 鰈魚片（皮面劃十字切口）—— 2 片
- 西式基底醬 —— 全部分量
- 義大利香芹 —— 2 根

製作方法

1. 在鰈魚的皮面劃十字切口，撒鹽後抹勻，靜置約 10 分鐘。在魚肉上沖 90℃ 的熱水到魚身變白後，放入冷水中，用手搓去魚鱗和黏膜。
2. 在鍋中加入西式基底醬 **A**，煮沸後放入 **1**，蓋上落蓋，用中火煮約 5 分鐘後取下落蓋。加入 **B**，一邊將煮汁淋在鰈魚上，一邊煮 3～4 分鐘。
3. 將鰈魚盛盤，淋上煮汁，再以義大利香芹裝飾。

馬鈴薯燉肉

鬆軟的馬鈴薯吸滿醬汁，
加上入味的肉片，
讓白飯一口接一口。
咖哩或是味噌奶油的變化版，
也是小孩大人都愛的討喜料理。

醬油基底醬
適用每 800 克材料

A
砂糖	4 大匙
料理酒	4 大匙
味醂	4 大匙
第二次高湯	450 毫升

B
| 醬油 | 3 大匙 |

PART3 〔日式〕燉煮料理的調味

調味前的烹調祕訣 1
使用帶有薑香的熱油爆香，將牛肉鋪開炒熟，會比燜熟的牛肉更具香氣。

入味的馬鈴薯非常美味！
馬鈴薯燉肉

材料（2 人份）

蒟蒻絲（切 10 公分長）……100 克
生薑（切片）……4 片
牛肉片……150 克
馬鈴薯（切大塊）……2 個
洋蔥（切 8 等分半月形）……1 顆
胡蘿蔔（切滾刀塊）……1/2 根
醬油基底醬……全部分量
沙拉油……適量

製作方法

1 蒟蒻絲快速過沸水汆燙。

2 在鍋中倒入沙拉油，以中火熱鍋，放入薑片爆香後，加入牛肉翻炒至香氣四溢，再依序加入馬鈴薯、洋蔥、胡蘿蔔，翻炒至洋蔥變透明。

3 在 2 中倒入 1、醬油基底醬 A，從鍋底略微拌炒後煮沸，撈去浮沫。蓋上落蓋，燉煮約 15 分鐘。

4 煮到竹籤能輕易穿透馬鈴薯時，加入醬油基底醬 B，一邊將煮汁淋到食材上，一邊煮到煮汁減少至原量 1/3、馬鈴薯快要化開前，關火即完成。

調味前的烹調祕訣 2
燉煮時先加入昆布柴魚高湯、料理酒，以甜味將食材燉軟入味，最後再加入醬油調整鹹度。

咖哩基底醬

適用每 800 克材料

A
| 咖哩粉 | 1 大匙 |

B
料理酒	2 大匙
蜂蜜	2 大匙
第二次高湯	450 毫升

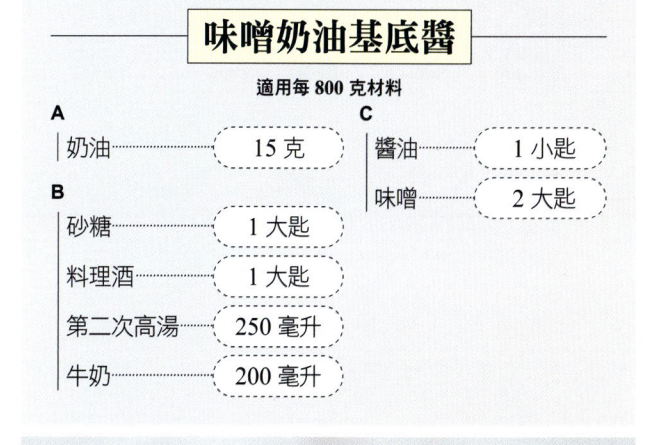

C
| 醬油 | 2 大匙 |
| 鹽 | 1/3 小匙 |

熟悉卻又迷人的風味！
咖哩馬鈴薯燉肉

材料（2 人份）
- 生薑（切薄片）……4 片
- 牛肉片……150 克
- A
  - 馬鈴薯（切大塊）……2 個
  - 洋蔥（切 1 公分圓片）……1 顆
  - 胡蘿蔔（切 1 公分圓片）……1/2 根
  - 櫛瓜（切 1 公分圓片）……1/2 根
- 咖哩基底醬……全部分量
- 沙拉油……適量

製作方法

1. 在鍋中將沙拉油以中火加熱後，爆香生薑片，再加入牛肉炒香。接著加入 A，翻炒至蔬菜變透明後，加入咖哩基底醬 A 翻炒約 1 分鐘。
2. 接著加入咖哩基底醬 B，稍微從鍋底拌炒均勻後煮沸，再撈去浮沫，並蓋上落蓋，燉煮約 15 分鐘。
3. 煮到竹籤能輕易穿透馬鈴薯時，加入咖哩基底醬 C，一邊將煮汁淋到食材上，一邊煮到煮汁減少至原量 1/3、馬鈴薯快要化開前，關火即完成。

味噌奶油基底醬

適用每 800 克材料

A
| 奶油 | 15 克 |

B
砂糖	1 大匙
料理酒	1 大匙
第二次高湯	250 毫升
牛奶	200 毫升

C
| 醬油 | 1 小匙 |
| 味噌 | 2 大匙 |

濃郁口味得讓人欲罷不能！
味噌奶油玉米馬鈴薯燉肉

材料（2 人份）
- 味噌奶油基底醬……全部分量
- 大蒜（切片）……1 瓣
- 牛肉片……130 克
- A
  - 馬鈴薯（切大塊）……2 顆
  - 洋蔥（切 8 等分半月形）……1 顆
  - 胡蘿蔔（切 1 公分斜片）……1/2 根
  - 高麗菜（切 4 公分塊狀）……2 片
  - 甜玉米粒罐頭……60 克

製作方法

1. 將味噌奶油基底醬 A 在鍋中加熱，接著加入蒜片爆香，再加入牛肉炒香後，依序加入 A，續炒至洋蔥變透明。
2. 接著加入味噌奶油基底醬 B，稍微從鍋底拌炒均勻後煮沸，再撈去浮沫，並蓋上落蓋，燉煮約 15 分鐘。
3. 煮到竹籤能輕易穿透馬鈴薯時，加入先用少許煮汁拌開的味噌奶油基底醬 C。一邊將煮汁淋到食材上，一邊煮到煮汁減少至原量 1/3、馬鈴薯快化開前，關火即完成。

醬煮羊棲菜

散發高湯清香的醬煮羊棲菜，
是日式配菜的經典，
試著改成南洋調味或以肉類為主，
意外的豐富口感也讓人驚豔。

醬油基底醬

適用每 120 克材料

砂糖	1 大匙
醬油	1 大匙
味醂	1 大匙
第二次高湯	150 毫升

PART 3 〔日式〕燉煮料理的調味

切成一致大小更入味！
醬煮羊棲菜

材料（2 人份）

羊棲菜（乾燥）……20 克
胡蘿蔔（切 3 公分長、0.3 公分粗條）……1/3 根
油豆腐（切 3 公分長、0.3 公分粗條）……1/2 片
醬油基底醬……全部分量
沙拉油……1 小匙

製作方法

1. 在碗中放入羊棲菜和充足的水（分量外），浸泡約 30 分鐘後用濾網瀝乾。羊棲菜切成 3 公分長。
2. 在鍋中倒入沙拉油，中火熱鍋後，加入胡蘿蔔均勻翻炒，再依序加入 1 和油豆腐，翻炒至胡蘿蔔變軟。
3. 接著加入醬油基底醬持續攪拌，以小火煮約 10 分鐘，直到醬汁幾乎收乾。

調味前的烹調祕訣 1
將羊棲菜切成統一大小，可以讓味道均勻地滲透至整體。

調味前的烹調祕訣 2
胡蘿蔔先炒過，會讓甜味和鮮味更加鮮明。

蠔油基底醬

適用每 120 克材料

蠔油	1 大匙
砂糖	1/2 大匙
醬油	1 小匙
紹興酒	1 大匙
雞高湯	150 毫升

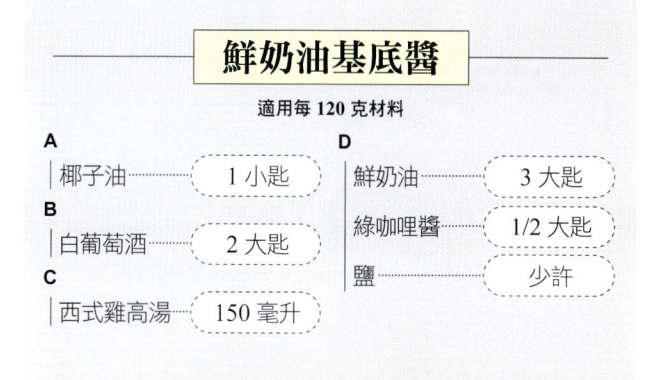

鮮奶油基底醬

適用每 120 克材料

A
| 椰子油 | 1 小匙 |

B
| 白葡萄酒 | 2 大匙 |

C
| 西式雞高湯 | 150 毫升 |

D
鮮奶油	3 大匙
綠咖哩醬	1/2 大匙
鹽	少許

飽足幸福的一道菜！
蠔油羊棲菜

材料（2 人份）

- 羊棲菜（乾燥）⋯⋯20 克
- 米粉（乾燥）⋯⋯20 克
- 豬五花肉絲（約 3 公分長）⋯⋯50 克

A
- 蔥絲⋯⋯10 克
- 彩椒（切 3 公分絲）⋯⋯1 顆

- 蠔油基底醬⋯⋯全部分量
- 芝麻油⋯⋯1 小匙

製作方法

1. 在碗中放入羊棲菜和充足的水（分量外），浸泡約 30 分鐘後用濾網瀝乾，切成 4 公分長。將鍋中的水煮沸，加入米粉煮約 2 分鐘，瀝乾後切成 4 公分長。
2. 在鍋中倒入芝麻油，以中火加熱，放入豬肉炒香，再加入 A 炒至軟化後，加入 1 的羊棲菜炒熟。
3. 接著加入蠔油基底醬持續攪拌，以小火煮約 10 分鐘，直到湯汁幾乎收乾為止。最後加入 1 的米粉，攪拌均勻。

柔順的鮮奶油讓人回味無窮！
辣味奶油羊棲菜

材料（2 人份）

- 羊棲菜（乾燥）⋯⋯20 克
- 鮮奶油基底醬⋯⋯全部分量
- 洋蔥（切末）⋯⋯1/3 顆

A
- 香腸（切成 0.5 公分圓片）⋯⋯2 根
- 蘑菇（切成薄片）⋯⋯3 個

製作方法

1. 在碗中放入羊棲菜和充足的水（分量外），浸泡約 30 分鐘後用濾網瀝乾，切成 4 公分長。
2. 在鍋中以中火加熱鮮奶油基底醬 A，並將洋蔥炒至軟化，再加入 A 翻炒至略微上色後，再加入 1 拌炒，倒入鮮奶油基底醬 B 炒至酒精揮發。
3. 接著加入鮮奶油基底醬 C 持續攪拌，以小火煮約 10 分鐘。最後加入鮮奶油基底醬 D，續煮至湯汁幾乎收乾為止。

高湯浸煮菜

以高湯汆燙蔬菜後靜置，讓蔬菜充分吸收鮮味的浸煮料理。無論日式柴魚或中式紹興酒、八角，還是清爽的柚子胡椒都各有千秋。

醬油基底醬

適用每 400 克材料

薄鹽醬油	1 大匙
料理酒	1 大匙
味醂	1 大匙
第一次高湯	300 毫升

PART 3 〔日式〕燉煮料理的調味

調味前的烹調祕訣 1
將茄子浸泡在水中，有助於去除澀味。

不浪費任何一滴美味！
浸煮茄子

材料（2 人份）
日本圓茄（去皮，縱切對半，再橫切對半）……3 根
醬油基底醬……全部分量
柴魚片（裝入茶包袋中）……3 克
柴魚絲……適量

製作方法

1. 茄子泡水約 10 分鐘去除澀味。
2. 在鍋中將醬油基底醬和 1 煮沸後，放入柴魚片茶包袋，煮約 3 分鐘後關火，靜置一段時間，讓茄子吸收高湯的味道。
3. 將 2 盛盤，撒上柴魚絲即可享用。

調味前的烹調祕訣 2
柴魚片先裝進茶包袋，可以省去過濾的步驟，柴魚風味也更加鮮美豐富。

八角基底醬

適用每 400 克材料

八角	1 個
薄鹽醬油	1 大匙
紹興酒	1 大匙
雞高湯	300 毫升

柚子胡椒基底醬

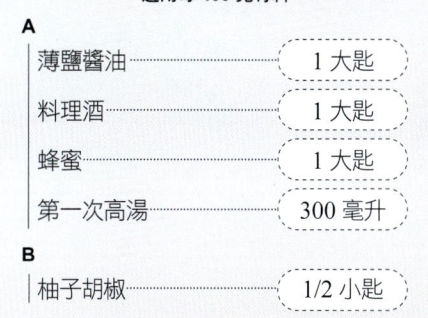

適用每 400 克材料

A
薄鹽醬油	1 大匙
料理酒	1 大匙
蜂蜜	1 大匙
第一次高湯	300 毫升

B
| 柚子胡椒 | 1/2 小匙 |

口中充滿鮮味的蜆汁高湯！

八角風味浸煮蜆豆腐

材料（2 人份）

蜆⋯⋯100 克
八角基底醬⋯⋯全部分量
嫩豆腐（切 6 等分）⋯⋯1 塊（300 克）
青江菜（切 4 公分長，根部劃十字切痕）⋯⋯1 株

製作方法

1. 將蜆泡水約 1 小時吐沙，然後在水中將蜆殼互搓洗淨。
2. 在鍋中加入 1 和八角基底醬，以中火加熱後撈去浮沫。
3. 接著在 2 中放入豆腐、青江菜，小火煮約 2 分鐘後關火，靜置放涼。

蔬菜與海鮮的鮮味相互融合！

柚子胡椒浸煮南瓜番茄

材料（2 人份）

番茄⋯⋯2 小顆　　柚子胡椒基底醬⋯⋯全部分量
南瓜（去皮、切約 2 公分寬的一口大小）⋯⋯140 克
金針菇（切去根部、剝開）⋯⋯60 克
柴魚片（裝入茶包袋）⋯⋯3 克

製作方法

1. 番茄用熱水汆燙後去皮。
2. 在鍋中加入柚子胡椒基底醬 A，中火煮沸後，加入南瓜煮約 5 分鐘。
3. 接著在 2 中加入 1、金針菇和柴魚片茶包袋，續煮約 3 分鐘後關火，靜置放涼，上桌前再加入柚子胡椒基底醬 B 拌勻。

芝麻醬拌菜

香氣濃郁的芝麻和甘甜的砂糖，
在口中散發出無窮的美味。
做成辣味或美乃滋風味也好吃，
搭配肉類享用更滿足。

經典芝麻基底醬

適用每 200 克材料

A
| 白芝麻 | 6 大匙 |

B
| 砂糖 | 2 大匙 |
| 醬油 | 2 大匙 |

PART 3 〔日式〕涼拌小菜的調味

甜鹹的美好滋味！
胡麻醬拌四季豆

材料（2 人份）

四季豆⋯⋯ 200 克
經典芝麻基底醬⋯⋯全部分量

製作方法

1. 四季豆去絲，用鹽水煮熟後撈起放涼，切 5 公分長。
2. 在研磨缽中先將經典芝麻基底醬 A 磨碎，再加入經典芝麻基底醬 B 拌勻。
3. 將 1 和 2 攪拌均勻即完成。

調味前的烹調秘訣 1
四季豆燙好後用扇子快速搧乾，可以避免濕軟，也更容易入味。

調味前的烹調秘訣 2
白芝麻先用研磨缽研磨，香氣會更加釋放出來。

辣味基底醬

適用每 200 克材料

A
- 白芝麻 —— 3 大匙

B
- 甜麵醬 —— 1 小匙
- 豆瓣醬 —— 1/2 小匙
- 醬油 —— 1/2 大匙
- 芝麻油 —— 1 小匙

麻辣的濃郁香氣在口中蔓延！

香辣芝麻醬拌高麗菜

材料（2 人份）

高麗菜（切 4 公分長、1 公分寬的粗絲）—— 200 克
辣味基底醬 —— 全部分量

製作方法

1. 將高麗菜絲用鹽水汆燙後，撈起放在濾網裡，用扇子搧涼。
2. 在研磨缽中放入辣味基底醬 A 磨碎，再加入辣味基底醬 B 充分拌勻。
3. 將 1 和 2 拌勻即完成。

美乃滋基底醬

適用每 200 克材料

A
- 白芝麻 —— 2 大匙

B
- 美乃滋 —— 20 克
- 薄鹽醬油 —— 2 小匙

下酒菜的最佳選擇！

美乃滋芝麻醬拌櫛瓜

材料（2 人份）

櫛瓜（切 4 公分長、1 公分寬的長條）—— 1 條
美乃滋基底醬 —— 全部分量

製作方法

1. 櫛瓜用鹽水燙熟後，撈起放在濾網裡，用扇子搧涼，水分涼乾。
2. 在研磨缽中放入美乃滋基底醬 A 磨碎，再加入美乃滋基底醬 B 充分拌勻。
3. 將 1 和 2 拌勻即完成。

黃芥末醬拌菜

帶有些許刺激辣味的黃芥末醬拌菜，
是絕佳的配菜或下酒菜。
搭配油菜花這樣微苦的蔬菜，
也能提引出更豐厚的層次。

黃芥末醬油基底醬

適用每 150 克材料

黃芥末醬	1 小匙
醬油	1 大匙
味醂	1 小匙

＊味醂不蓋保鮮膜，微波加熱 10 秒至冒出蒸汽

PART 3 〔日式〕涼拌小菜的調味

享受黃芥末的刺激香氣！
黃芥末醬拌青花菜

材料（2 人份）

青花菜（切小朵後去皮，將梗劃開，再用手剝開）
……150 克
黃芥末醬油基底醬……全部分量

製作方法

1. 青花菜用鹽水燙熟後，撈起放在濾網裡，用扇子搧涼。
2. 在碗中將黃芥末醬油基底醬混合均勻，加入 1 拌勻。

調味前的烹調祕訣 1
青花菜梗先用刀劃開再用手撕更小朵，不規則面可以讓味道更均勻吸附。

調味前的烹調祕訣 2
拌勻的黃芥末醬油基底醬，在使用前先密封保鮮膜，可以延長辛辣味和香氣。

黃芥末味噌基底醬

適用每 150 克材料

黃芥末醬	1 小匙
味醂	1 小匙
白味噌	1 大匙
芝麻油	1/2 小匙

＊味醂不蓋保鮮膜，微波加熱 10 秒至冒出蒸汽

黃芥末優格基底醬

適用每 150 克材料

黃芥末醬	1 小匙
原味優格（去除水分／請參照 P97）	30 克
薄鹽醬油	1 小匙
橄欖油	1 小匙

醇厚味噌與辛辣芥末的完美結合！

黃芥末味噌拌蓮藕

材料（2 人份）

蓮藕（切 0.5 公分厚的半圓片）……1 節
黃芥末味噌基底醬……全部分量

製作方法

1. 蓮藕泡水約 10 分鐘後，用鹽水燙熟，撈起放在濾網裡，用扇子搧涼。
2. 在碗中將黃芥末味噌基底醬混合均勻，加入 1 拌勻，最後再按照個人喜好撒白芝麻或蔥花。

溫和卻難以忘懷的滋味！

黃芥末優格拌蘆筍雞肉

材料（2 人份）

雞柳（去筋）……2 條（100 克）
蘆筍（切 5 公分長）……2 根
黃芥末優格基底醬……全部分量

製作方法

1. 在鍋中加水與鹽（分量外），煮沸後放入雞肉，關火，靜置約 15 分鐘放涼，取出雞肉擦乾，切成 1 公分寬、5 公分長的條狀。
2. 蘆筍用鹽水燙熟後，撈起放在濾網裡，用扇子搧涼水分晾乾。
3. 在碗中將黃芥末優格基底醬混合均勻後，加入 1 和 2 拌勻。

醋漬涼拌菜

炸物或炒菜等主菜的絕配，
就是清爽的醋漬涼拌菜了。
雖然說是「醋」漬，
但改以檸檬汁製作也非常適合。

醋漬基底醬

適用每 140 克材料

砂糖	1 大匙
鹽	1/4 小匙
醋	2 大匙

PART3 〔日式〕涼拌小菜的調味

清脆迷人的口感！
醋漬紅白蘿蔔絲

材料（2 人份）

白蘿蔔絲……80 克
胡蘿蔔絲……1/4 根
鹽……少許
醋漬基底醬……全部分量
柚子皮屑……少許

調味前的烹調祕訣 1
這裡使用糖和醋（下圖左）來製作，也可以改成三杯醋（圖右），比例為砂糖 1：醋 3：醬油 1：第一次高湯 2。

調味前的烹調祕訣 2
白蘿蔔和胡蘿蔔的水分要充分擠乾，以免味道被水分稀釋。

製作方法

1. 將白蘿蔔、胡蘿蔔、鹽放入碗中搓揉均勻，待出水後確實擠乾。
2. 將醋漬基底醬和柚子皮屑加入 1 中拌勻。

二杯醋基底醬

適用每 140 克材料

醬油	1 大匙
醋	1 大匙
第一次高湯	1 大匙

檸檬風味基底醬

適用每 140 克材料

檸檬汁	2 大匙
砂糖	1 大匙
鹽	1/4 小匙

想要清爽口感時必吃！

醋漬涼拌魚板小黃瓜

材料（2 人份）

小黃瓜（縱切半後，切 0.5 公分斜片）……2/3 根
鹽……少許
竹葉魚板（切 1 公分寬、4 公分長片狀）……75 克
二杯醋漬基底醬……全部分量
薑絲……少許

製作方法

1. 小黃瓜撒鹽，靜置到稍微軟化後，確實擠出水分。
2. 在碗中加入 **1**、竹葉魚板、二杯醋漬基底醬及薑絲拌勻。

蕪菁與麝香葡萄是最完美的搭配！

檸檬涼拌蕪菁葡萄

材料（2 人份）

蕪菁（留下 2 公分的莖，削皮，切薄片）……1 顆
鹽……少許
麝香葡萄（切薄片）……6 顆
檸檬風味基底醬……全部分量

製作方法

1. 將蕪菁和鹽在碗中拌勻，靜置變軟後確實擠出水分備用。
2. 在 **1** 中加入麝香葡萄和檸檬風味基底醬攪拌均勻即可。

高湯浸蔬菜

以浸泡高湯的涼拌方式，
讓蔬菜吸收清爽風味。
可以添加濃郁甘甜的蜂蜜，
或辛辣的辣椒來增加變化。

醬油基底醬
適用每 150 克材料

醬油	1 大匙
味醂	1 大匙
第一次高湯	200 毫升

＊味醂不蓋保鮮膜，微波加熱 10 秒至冒出蒸汽

PART 3 〔日式〕涼拌小菜的調味

調味前的烹調秘訣
用廚房紙巾包住菠菜後，以擠壓的方式去除水分、不要擰扭，避免破壞菠菜的美味。

加入柴魚增添豐富香氣！
高湯浸菠菜

材料（2 人份）
菠菜（去根後切 4 等分）
……2/3 把
醬油基底醬
……全部分量
柴魚絲……適量

製作方法

1. 將菠菜浸泡在水中恢復脆嫩。
2. 在鍋中加入水和鹽（分量外）煮沸，將 1 從莖部逐漸放入鍋中，煮約 1 分鐘後撈出，泡冷水去除澀味，再用廚房紙巾包裹，確實擠出水分後，切 4 公分長段。
3. 將 2 擺入容器中，倒入混勻的醬油基底醬（一半分量），密封上保鮮膜後，浸泡約 30 分鐘。
4. 輕輕擠出菠菜的水分，擺放至盤中，倒入剩餘的醬油基底醬並撒上柴魚絲。

調味技巧
先用一半的基底醬浸菠菜，稍微入味後再淋上剩餘基底醬，讓味道恰到好處。

蜂蜜基底醬

適用每 150 克材料

醬油	1 大匙
蜂蜜	1 大匙
第一次高湯	200 毫升

南蠻基底醬

適用每 150 克材料

醬油	1 大匙
味醂	1 大匙
第一次高湯	200 毫升
紅辣椒（切圓片）	適量

＊味醂不蓋保鮮膜，微波加熱 10 秒至冒出蒸汽

加入杏仁口感點綴！

蜂蜜高湯浸苦瓜

材料（2 人份）
苦瓜（切 5 公分長，去籽和內膜後切片）……150 克
蜂蜜基底醬……全部分量
烤杏仁（切碎）……1 大匙

製作方法

1. 將苦瓜均勻抹鹽（分量外），靜置約 10 分鐘後，浸泡在水中。
2. 在鍋中加水和鹽（分量外）煮沸，加入 **1**，煮約 1 分鐘後立即泡冷水去除苦味，再取出擦乾。
3. 把苦瓜放入保存容器中，倒入一半混勻的蜂蜜基底醬，緊密覆蓋上保鮮膜，靜置約 30 分鐘。
4. 將苦瓜輕輕擠出水分，裝入盤中，倒入剩餘的蜂蜜基底醬，並撒上杏仁碎。

烤過的大蔥香氣撲鼻！

南蠻高湯浸烤蔥舞菇

材料（2 人份）
大蔥（切 4 公分長段）……2/3 根（90 克）
舞菇（剝大塊）……60 克
南蠻基底醬……全部分量

製作方法

1. 在碗中放入大蔥、舞菇和混勻的南蠻基底醬（1 大匙），拌勻後以烤爐或烤箱烤約 7～8 分鐘至表面金黃。
2. 將 **1** 放入保存容器中，倒入南蠻基底醬（剩餘量的一半），緊密覆蓋上保鮮膜，浸泡約 30 分鐘。
3. 輕輕擠出大蔥和舞菇的水分，裝盤後，倒入剩餘的南蠻基底醬。

高麗菜捲

雖然高麗菜捲大多做成西式風味，
但其實日式口味也很好吃，
還可以將肉餡換不同食材，
創造出更多元的料理！

甜椒基底醬
適用每 420 克材料

A
甜椒（切1公分小丁）	2 個
洋蔥（切1公分小丁）	1/3 個

B
西式雞高湯	400 毫升
鹽‧胡椒	各少許

PART 3 〔西式〕燉菜湯品的調味

重點是甜杏仁！
甜椒風味高麗菜捲

材料（2人份）
- 高麗菜葉……4 片
- 洋蔥（切末）……1/2 顆
- A
  - 牛豬混合絞肉……200 克
  - 麵包粉……5 大匙
  - 牛奶……1 大匙
  - 鹽……2 克
  - 胡椒……少許
- 杏桃乾……4 顆
- 奶油……10 克
- 山蘿蔔菜……依喜好

製作方法

1. 用鹽水汆燙過高麗菜葉後，擦乾水分，切除厚實的芯部。
2. 平底鍋中加入奶油（一半分量），以中火加熱成焦糖色後，加入洋蔥快速翻炒，再取出放涼。
3. 在碗中加入 A 和 2 充分混勻後，分成 4 等分，每份中心放一個杏桃乾再包起來，捏成圓柱形。
4. 將 1 的葉根處朝向自己，展開葉子，在靠近自己這側放上一個 3。捲一圈後，將一側的葉子向內折並捲起，另一側露出的葉子塞進內側。用相同方式製作 4 捲。
5. 在鍋中加入剩餘的奶油，以中火加熱，加入甜椒基底醬 A 炒至透明，再加入 4。接著加入甜椒基底醬 B，蓋上鍋蓋，用小火燉煮約 40 分鐘至高麗菜變軟。
6. 將 5 的煮汁倒入果汁機攪勻至滑順後，倒回鍋中，以小火加熱約 5 分鐘。盛盤，可再依個人喜好加上山蘿蔔。

調味前的烹調祕訣 1
將奶油加熱至呈現焦糖色之後，再加入洋蔥炒香，最後連同奶油一起放入肉餡中，使肉餡的風味更加濃郁。

調味前的烹調祕訣 2
在牛豬混合絞肉中加入杏桃或李子等果乾，可以吸收肉汁，並融合酸甜風味，增加美味層次。

西式基底醬

適用每 420 克材料

百里香	1 枝
西式雞高湯	400 毫升
鹽・胡椒	各少許

醬油基底醬

適用每 420 克材料

醬油	1 大匙
料理酒	1 大匙
味醂	1 大匙
第二次高湯	400 毫升

湯汁充分入味！
西式雞高湯高麗菜捲

雞肉與蔬菜的健康選擇！
和風高麗菜捲

材料（2 人份）
高麗菜葉……4 片
洋蔥（切末）……1/2 顆
A│牛豬混合絞肉……200 克
　│麵包粉……5 大匙
　│牛奶……1 大匙
　│鹽……2 克
　│胡椒……少許
西式雞高湯基底醬……全部分量
奶油……5 克

製作方法
1 將高麗菜葉先做好前置處理（P160）。
2 在平底鍋中放入奶油，中火加熱至奶油呈焦糖色，加入洋蔥快速翻炒後，取出放涼。
3 在碗中放入 A 和 2 混勻後，分成 4 等分，並捏成圓柱形。
4 參照 P160 的 4，用同樣方式以 1 將 3 包起來。
5 在鍋中放入 4，加入西式基底醬，蓋上鍋蓋，小火燉煮約 40 分鐘至高麗菜變軟。

材料（2 人份）
高麗菜葉……4 片
A│雞絞肉……200 克
　│味醂……1 小匙
　│醬油……1 小匙
　│洋蔥（切末）……1/2 顆
　│麵包粉……5 大匙
B│醬油基底醬……全部分量
　│胡蘿蔔（切 0.3 公分斜片）……4 片
　│蓮藕（切 0.3 公分薄片）……4 片
　│香菇（切成 4 瓣）……2 片

製作方法
1 高麗菜葉先做好前置處理（P160）。
2 在碗中放入 A 混勻後，分成 4 等分，並捏成圓柱形。
3 參照 P160 的 4，用同樣方式使用 1 將 2 包起。
4 將 3 放入鍋中，加入 B 後蓋上鍋蓋，小火燉煮約 40 分鐘至高麗菜變軟。

肉醬

常用於義大利麵和焗烤飯的肉醬，
也可以做成獨特的味噌和咖哩風味，
搭配麵包也很好吃。

番茄基底醬

適用每 350 克材料

碎番茄罐頭（水煮）	150 克
百里香	1/2 枝
鹽	1/4 小匙
西式雞高湯	300 毫升
胡椒	少許

調味前的烹調祕訣 1

牛豬絞肉入鍋後不要一直翻動，等其中一面煎上色後再翻面炒熟，才能讓肉香更加濃郁。

調味前的烹調祕訣 2

如果把油全部擦掉，美味的成分也會連帶被擦掉，所以只要將平底鍋傾斜，用廚房紙巾吸取多餘油脂即可。

PART3 〔西式〕燉菜湯品的調味

屹立不搖的洋食經典！
肉醬義大利麵

材料（2人份）

大蒜（切碎）……1/3 瓣

A｜洋蔥（切碎）……1/4 個
　｜胡蘿蔔（切碎）……1/4 根
　｜西洋芹（切碎）……4 公分

杏鮑菇（切碎）……15 克
麵粉……10 克
牛豬混合絞肉……200 克
紅葡萄酒……30 毫升

番茄基底醬……全部分量
義大利麵……160 克

B｜奶油……10 克
　｜帕瑪森乾酪（磨粉）……2 大匙
　｜橄欖油……5 克

C｜帕瑪森起乾酪（磨粉）……適量
　｜義大利香芹（略切碎）……1 枝

橄欖油……2 小匙
奶油……5 克

製作方法

1. 在鍋中放入大蒜和橄欖油，小火爆香後，加入 A 炒至略帶焦色，再加入杏鮑菇稍微翻炒，並加入麵粉炒至沒有粉末感後關火。

2. 同鍋放入奶油，開大火，放入牛豬絞肉翻炒約 2 分鐘，再擦去鍋底多餘油脂，並倒入紅葡萄酒炒拌，一邊刮鍋底讓鮮味釋出。

3. 接著在 2 中加入番茄基底醬，小火燉煮約 20 分鐘。

4. 在另一鍋中，將義大利麵按照包裝指示煮熟，然後與 B 一起加入 3 中，邊搖晃鍋子邊充分拌勻。

5. 將 4 盛盤，撒上 C 即完成。

味噌基底醬

適用每 350 克材料

A
料理酒	1 大匙
第二次高湯	100 毫升

B
白味噌	1 大匙
金山寺味噌（或西京味噌）	1 大匙

多汁茄子與醬汁的完美組合！
味噌肉醬烤茄子

材料（2人份）

A｜生薑（切碎）……1/3 指節長段
　　蔥花……1/4 根

B｜香菇（略切碎）……1/2 片
　　雞絞肉……100 克
　　番茄（去皮去籽，切 0.5 公分塊狀）……1 顆

味噌基底醬……全部分量
茄子（縱切半並切段，皮面劃格紋）……2 根
蔥花……適量
沙拉油……1 小匙

製作方法

1. 在平底鍋中倒入沙拉油，小火熱鍋，將 A 炒至散發香氣後，加入 B 充分翻炒。

2. 將味噌基底醬 A 加入 1，攪拌時輕刮鍋底，讓鮮味更融合、水分收乾後，加入味噌基底醬 B 混合均勻。

3. 茄子泡水約 10 分鐘去澀味後擦乾。另取一平底鍋倒入沙拉油（分量外）加熱，將茄子皮面朝下，兩面各煎約 2 分鐘。

4. 將 3 盛盤，倒入 2，最後撒上蔥花即可。

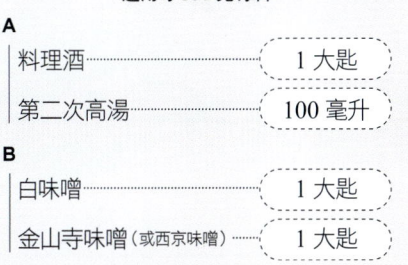

咖哩基底醬

適用每 350 克材料

A
孜然籽	1/2 小匙
咖哩粉	1 大匙
麵粉	10 克

B
碎番茄罐頭（水煮）	150 克
葡萄乾	1 大匙
鹽	1/2 小匙
西式雞高湯	200 毫升

直接吃或配麵包都迷人！
印度風味咖哩肉醬

材料（2人份）

茄子（切 1 公分小丁）……2/3 根
大蒜（切碎）……1/3 瓣

A｜洋蔥（切碎）……1/2 顆
　　甜椒（切 1 公分塊狀）……1/4 顆

牛豬混合絞肉……150 克
咖哩基底醬……全部分量
沙拉油……2 小匙

製作方法

1. 茄子泡水約 10 分鐘去除苦澀味。

2. 在鍋中先加入大蒜和沙拉油，小火加熱到出現香味後，轉中火，依序加入 A 和 1 翻炒至上色。

3. 然後加入絞肉，大火翻炒約 2 分鐘，直到肉末粒粒分明，接著一邊拌炒，一邊依序加入咖哩基底醬 A，炒到粉末感消失。

4. 接著加入咖哩基底醬 B，蓋上鍋蓋，小火燉煮約 15 分鐘。

義式蔬菜湯

將當季時蔬或喜歡的蔬菜做成湯品。
傳統的西式雞湯當然不能錯過，
但也不妨嘗試以羅勒香氣為主，
或是帶有辣味的獨特紅咖哩湯。

西式雞湯基底

適用每 250 克材料

碎番茄罐頭（水煮）	60 克
西式雞高湯	600 毫升
鹽・胡椒	各少許

PART 3 〔西式〕燉菜湯品的調味

調味前的烹調祕訣 1
將所有蔬菜切成相同大小，蔬菜的受熱會更均勻，入味程度也更一致。

與天使細麵一起享用！
經典義式蔬菜湯

材料（2 人份）

天使細麵……15 克

大蒜（切碎）……1/3 瓣

A｜燻培根（切 1 公分方片）……30 克
　｜洋蔥（切 1 公分方片）……2/5 個
　｜胡蘿蔔（切 1 公分方片）……3 公分長
　｜西洋芹（切 1 公分方片）……6 公分長
　｜高麗菜葉（切 1 公分方片）……2 片

西式雞湯基底……全部分量

橄欖油……2 小匙

製作方法

1 將天使細麵包在乾淨的毛巾或紙巾內，抓住兩端後靠在桌角上，將細麵折斷成約 2 公分長度。

2 在鍋中加入橄欖油和大蒜，小火加熱到散發香氣後，依序加入 A，炒至洋蔥軟化並變透明為止。

3 在 2 中加入西式雞湯基底，燉煮約 15 分鐘，加入 1 後，再煮約 4 分鐘。

調味前的烹調祕訣 2
以桌角輔助來折斷天使細麵，長度更容易一致，方便放入湯中，用湯匙撈起享用。

青醬基底醬

適用每 250 克材料

青醬（參照 P46）	15 克
西式雞高湯	600 毫升
鹽・胡椒	各少許

享受大塊蔬菜的爽脆口感！
青醬風味義式蔬菜湯

材料（2 人份）

大蒜（切碎）……1/3 瓣
A｜ 洋蔥（切 1.5 公分塊狀）……2/5 個
　　生義大利香腸切片（切 1.5 公分塊狀）……30 克
　　紅椒（切 1.5 公分塊狀）……1/4 個
　　羽衣甘藍（切 2 公分小段）……1 片
　　馬鈴薯（切 1.5 公分塊狀）……1 個
青醬基底醬……全部分量
橄欖油……2 小匙

製作方法

1. 在鍋中倒入橄欖油和大蒜，小火加熱到散發香氣後，依序加入 A，炒至洋蔥變透明為止。
2. 將 1 蓋上鍋蓋，燉煮約 15 分鐘，盛盤前再與青醬基底醬攪拌均勻。

紅咖哩基底醬

適用每 250 克材料

碎番茄罐頭（水煮）	60 克
紅咖哩醬	10 克
西式雞高湯	600 毫升

辛辣的湯頭讓人欲罷不能！
紅咖哩五穀蔬菜湯

材料（2 人份）

茄子（切 1 公分塊狀）……3/4 根
大蒜（切碎）……1/3 瓣
A｜ 雞腿肉（切 1 公分塊狀）……80 克
　　洋蔥（切 1 公分塊狀）……2/5 顆
B｜ 彩椒（切 1 公分塊狀）……各 2/5 顆
　　櫛瓜（切 1 公分塊狀）……1/3 條
紅咖哩基底醬……全部分量
煮熟的五穀飯……60 克
鹽……少許
橄欖油……適量

製作方法

1. 將茄子泡水約 10 分鐘去除苦澀味。
2. 在鍋中加入橄欖油和大蒜，用小火加熱，再依序加入 A、1、B，翻炒至洋蔥變透明為止。
3. 在 2 中加入紅咖哩基底醬和五穀飯，小火燉煮約 20 分鐘，再以鹽調味。

香料飯

將炒過的米加入基底醬和食材同煮，
讓每粒米都吸飽了精華。
無論是經典雞湯或香辣風味，
都可以加入肉或海鮮，
做出各種變化。

西式雞湯基底

適用每 2 杯米

西式雞高湯	約 430 毫升（與米等量）
鹽	1 小匙
胡椒	少許

PART3 〔西式〕米飯的調味

散發濃濃奶油香氣！
洋蔥香料飯

材料（2 杯米）
米……2 杯
洋蔥（切末）……1/5 顆
西式雞湯基底……全部分量
奶油……15 克
義大利香芹（切末）……適量

製作方法

1. 將米洗淨，撈起瀝乾水分後鋪平，自然風乾約 30 分鐘。
2. 在鍋中將奶油以中火加熱後，加入洋蔥翻炒至水分蒸發，加入 1，續炒至米粒變熱。
3. 在另一鍋中，將西式雞湯基底以中火煮至沸騰。
4. 接著在 2 中加入 3，沸騰後蓋上鍋蓋。
5. 將 4 放入已預熱至 180°C 的烤箱中，烤約 12 分鐘（或用小火煮約 10 分鐘），靜置燜約 10 分鐘。
6. 將 5 盛盤，撒上義大利香芹即可。

調味前的烹調祕訣 1
洗好的米飯先充分風乾去除水分，煮出來會更粒粒分明。

調味前的烹調祕訣 2
洋蔥要炒到沸騰、讓水分蒸發，加入米後才不會黏鍋。

肯瓊香料基底醬

適用每 2 杯米

A
- 肯瓊香料 —— 1 大匙

*肯瓊香料是源自美國南部的綜合香料，帶有甜椒與孜然等多樣香氣。

B
- 碎番茄罐頭（水煮）—— 100 克
- 鹽 —— 1 小匙
- 西式雞高湯 —— 380 毫升
- 胡椒 —— 少許

番茄基底醬

適用每 2 杯米

A
- 西式雞高湯 —— 350 毫升
- 白葡萄酒 —— 50 毫升
- 胡椒 —— 少許

B
- 碎番茄罐頭（水煮）—— 150 克
- 綠橄欖 —— 4 顆
- 鹽 —— 1 小匙

*綠橄欖切成 0.2 公分片狀

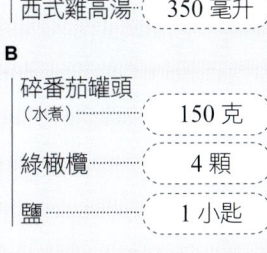

享受豪邁的美國南部風味！

美式什錦風味香料飯

材料（2 杯米）
- 大蒜（切碎）—— 1/3 瓣
- 米 —— 2 杯
- A
  - 西班牙香腸（切 0.5 公分圓片）—— 60 克
  - 雞腿肉（切 1.5 公分塊狀）—— 60 克
  - 洋蔥（切 1.5 公分塊狀）—— 1/2 個
  - 青椒（切 1.5 公分塊狀）—— 2 個
- 肯瓊香料基底醬 —— 全部分量
- 橄欖油 —— 適量

製作方法

1. 在鍋中放入橄欖油和大蒜，小火加熱到出現香氣後，依序加入米、**A**、肯瓊香料基底醬 A，炒至洋蔥變透明。

2. 再加入肯瓊香料基底醬 B，煮沸後蓋上鍋蓋。

3. 將 2 放入預熱至 180°C 的烤箱中，加熱 12 分鐘（或在爐火上以小火加熱約 10 分鐘後關火），靜置燜約 10 分鐘。

海鮮高湯浸透吸飽

海鮮香料飯

材料（2 杯米）
- 蛤蜊（帶殼）—— 120 克
- 番茄基底醬 —— 全部分量
- 大蒜（切碎）—— 1/3 瓣
- A
  - 洋蔥（切成末）—— 80 克
  - 魷魚卷（表面劃格痕，再切一口大小）—— 120 克
  - 去殼蝦 —— 150 克
  - 米 —— 2 杯
  - 義大利香芹（切末）—— 2 大匙
- 橄欖油 —— 1 大匙

製作方法

1. 蛤蜊先吐沙，在水中將殼互搓洗淨。

2. 在鍋中加入番茄基底醬 A 和 1，中火煮至蛤蜊開殼後，取出蛤蜊肉，並將湯汁過濾出來。

3. 在鍋中加入橄欖油和大蒜，以小火炒香後，依序加入 A 拌炒，再加入番茄基底醬 B、2 的湯汁，煮沸後蓋上鍋蓋。

4. 將 3 放入預熱至 180°C 的烤箱中，加熱 12 分鐘（或在爐火上以小火加熱約 10 分鐘），靜置燜 10 分鐘。

5. 將 4 盛盤，擺上 2 的蛤蜊肉，撒上義大利香芹（分量外）裝飾。

麻婆豆腐

撩動食慾的微辣花椒！
想吃清爽口味時，
也可以選擇鹽味或獨特的起司風味。
做成麻婆豆腐丼飯也很美味。

豆瓣基底醬

適用每 480 克材料

A
| 豆瓣醬 | 2 小匙 |

B
甜麵醬	1 大匙
蠔油	1 小匙
醬油	2 小匙
料理酒	2 小匙
雞高湯	200 毫升

PART3 〔中・韓・南洋風味〕熱炒料理的調味

調味前的烹調秘訣
將豆腐先浸泡在熱水中，可以防止豆腐在燉煮過程中碎裂，並保留豆腐的口感，讓料理更美味。

白飯一下子就見底！
基本的麻婆豆腐

材料（2 人份）

嫩豆腐（切 1.5 公分塊狀）
……1 塊（300 克）

A ┃ 生薑（切末）……1/3 指節長段
　┃ 青蔥（切末）……5 公分

豆瓣基底醬……全部分量

豬絞肉……150 克

太白粉水……水 1 大匙＋太白粉 1/2 大匙

芝麻油……2 小匙

沙拉油……2 小匙

蔥花……1 大匙

花椒粉……1/2 小匙

製作方法

1. 將豆腐放入沸水中煮約 3 分鐘。

2. 在平底鍋中倒入沙拉油加熱，加入 A 爆香，再加入豆瓣基底醬 A，炒至冒出蒸氣為止，再放入絞肉翻炒至變色。

3. 在 2 中加入豆瓣基底醬 B，煮約 3 分鐘後，加入太白粉水調整濃度，再加入 1 並充分攪拌。

4. 將 3 裝入盤中，撒上蔥花、花椒粉，最後淋上加熱至冒煙的芝麻油。

調味技巧
最後淋上滾燙芝麻油，可以增添香氣，帶出更正宗的風味。

鹽味基底醬

適用每 480 克材料

鹽	1 小匙
料理酒	1 大匙
味醂	1 大匙
雞高湯	200 毫升

一口接一口吃個不停！
鹽味麻婆豆腐

材料（2人份）

嫩豆腐（切 1.5 公分塊狀）……1 塊（300 克）

A｜大蒜（切末）……1/2 瓣
　｜生薑（切末）……1/3 指節長段
　｜青蔥（切末）……5 公分

豬絞肉……150 克
鹽味基底醬……全部分量
太白粉水……水 1 大匙＋太白粉 1/2 大匙
韭菜（切 0.5 公分小段）……10 公分
芝麻油……2 小匙
花椒粉……適量

製作方法

1 將豆腐放入沸水中煮約 3 分鐘。

2 在鍋中倒入芝麻油，用小火加熱，加入 A 爆香，放入絞肉翻炒至變色。

3 在 2 中加入鹽味基底醬，煮約 3 分鐘後，加入太白粉水調整濃度，再加入 1 充分攪拌。

4 盛盤撒上韭菜、花椒粉。

起司基底醬

適用每 480 克材料

A｜豆瓣醬……1 小匙

B｜切碎番茄罐頭（水煮）……250 克
　｜鹽……1/2 小匙
　｜西式雞高湯……100 毫升
　｜胡椒……少許

C｜披薩用起司……60 克

番茄與起司的完美搭配！
起司麻婆豆腐

材料（2人份）

嫩豆腐（切 1.5 公分塊狀）……1 塊（300 克）
大蒜（切末）……1/2 瓣

A｜洋蔥（切末）……20 克
　｜豬絞肉……150 克

起司基底醬……全部分量
太白粉水……水 1 大匙＋太白粉 1/2 大匙
橄欖油……2 小匙
粗磨黑胡椒……適量

製作方法

1 將豆腐放入沸水中煮約 3 分鐘撈起備用。

2 鍋中倒入橄欖油、大蒜爆香，依序加入 A、起司基底醬 A，翻炒至絞肉變色。

3 在 2 中加入起司基底醬 B，煮約 3 分鐘後，加太白粉水調整濃度，再加入起司基底醬 C，攪拌至起司融化後，加入 1 充分攪拌，再撒上粗磨黑胡椒即完成。

169

蔬菜炒肉

這道菜能夠均衡攝取肉類和蔬菜，
非常適合忙碌的日子。
學會這三種基底醬輪流使用，
每天都能輕鬆上菜！

蠔油基底醬

適用每 500 克材料

蠔油	1 大匙
鹽・胡椒	各少許

快速簡單就上菜！
蠔油熱炒蔬菜豬肉

材料（2 人份）

- 豬肉片……150 克
- A｜料理酒……2 小匙
  ｜鹽・胡椒……各適量
- 麵粉……1 小匙
- B｜胡蘿蔔（先切片再切條）……1/4 根
  ｜大蒜（切片）……1 瓣
  ｜洋蔥（去芯，切 1 公分粗絲）……2/3 顆
  ｜高麗菜（切一口大小）……3 片
  ｜青椒（切粗絲）……1 顆
  ｜豆芽菜……100 克
- 蠔油基底醬……全部分量
- 沙拉油……適量

製作方法

1. 將豬肉片鋪在盤上，加入 A 搓揉均勻，再裹上麵粉備用。

2. 在平底鍋中倒入沙拉油，大火加熱，再放入 1 攤平，煎至兩面上色。

3. 將 B 的食材依序入鍋翻炒，炒至水分蒸發即可，避免過度翻炒。

4. 在 3 中加入蠔油基底醬，充分翻炒至均勻即可。

調味前的烹調祕訣 1
豬肉裹上麵粉可以鎖住鮮味，並使調味料更容易吸附。

調味前的烹調祕訣 2
食材不要全部一次放，逐一加入翻炒，並在中間空出一個洞，讓水分有空間蒸發，炒出來才不會太濕。

PART 3〔中・韓・南洋風味〕熱炒料理的調味

味噌基底醬

適用每 500 克材料

醬油	1/2 小匙
料理酒	2 小匙
味噌	2 大匙

咖哩基底醬

適用每 500 克材料

咖哩粉	1 大匙
鹽	1/2 小匙
西式雞高湯粉	1/2 小匙

食材豐富，滿足感十足！
味噌奶油雞肉炒蔬菜

用鮮豔的色彩妝點餐桌！
咖哩培根炒蔬菜

材料（2 人份）

雞腿肉……200 克
鹽・胡椒……各少許
馬鈴薯（切 0.5 公分厚的半圓片）……2/3 顆
A｜大蒜（切薄片）……1 瓣
　｜胡蘿蔔（切 0.5 公分厚的半圓片）……1/4 根
　｜大蔥（切 4 公分斜片）……1/2 根
　｜玉米筍（煮熟後切 4 公分斜片）……4 根
　｜蘆筍（切 4 公分斜片）……2 根
味噌基底醬……全部分量
奶油……10 克

製作方法

1. 將雞肉切 2 公分塊狀，均勻抹上鹽和胡椒。
2. 將馬鈴薯煮熟並瀝乾水分。
3. 在平底鍋中放入奶油，用中火加熱後，加入 1 翻炒至上色。
4. 一邊將 A 的食材依序加入 3 的鍋中，一邊翻炒約 2～3 分鐘後，加入味噌基底醬，拌炒至均勻、水分幾乎蒸發的即可。

材料（2 人份）

A｜培根片（切 3 公分寬）……100 克
　｜大蒜（切薄片）……1 瓣
　｜紅・黃甜椒（各切 3 公分片狀）……各 1/2 個
　｜紫高麗菜（切 3 公分片狀）……3 片
　｜蘑菇（切 0.3 公分片狀）……50 克
　｜咖哩基底醬……全部分量
橄欖油……2 小匙

製作方法

1. 在平底鍋中倒入橄欖油，以中火加熱，將 A 的食材依序放入鍋中翻炒。
2. 將 1 在鍋中攤開，翻炒約 5 分鐘至水分蒸發。

青椒肉絲

從經典蠔油到鹽味、綠咖哩，
透過各具特色的基底醬變換口味。
無論哪一種都讓人食指大動，
忍不住吃下一碗又一碗白飯。

蠔油基底醬
適用每 500 克材料

蠔油	2 大匙
醬油	1 小匙
料理酒	1 大匙
雞湯粉	1 小匙
水	1 大匙
太白粉	1 小匙

PART3〔中・韓・南洋風味〕熱炒料理的調味

讓人飯量大增！
基本青椒肉絲

材料（2人份）

- 牛肉絲⋯⋯250 克
- A｜醬油⋯⋯1 小匙
  　料理酒⋯⋯2 小匙
- 太白粉⋯⋯1 小匙
- B｜生薑（切末）⋯⋯1/3 指節長段
  　青蔥（切末）⋯⋯5 公分
- C｜青椒（切4公分絲）⋯⋯4 顆
  　熟竹筍（切4公分絲）⋯⋯100 克
- 蠔油基底醬⋯⋯全部分量
- 芝麻油⋯⋯適量

製作方法

1. 將牛肉和 A 放入碗中拌勻，再裹上太白粉。
2. 在平底鍋中倒入芝麻油，用小火加熱後，加入 B 炒香。
3. 將 1 均勻鋪在 2 中，用大火炒至上色。
4. 在 3 中加入 C，續炒出香氣後，倒入混合好的蠔油基底醬拌勻，讓醬汁充分包裹食材。

調味前的烹調祕訣 1
食材切成一致大小，可以受熱均勻，味道也更均勻入味。

調味前的烹調祕訣 2
事先將太白粉與基底醬拌勻，就可以不用再另外勾芡。

鹽味基底醬

適用每 500 克材料

鹽	1/2 小匙
薄鹽醬油	1 大匙
料理酒	1 大匙
雞湯粉	1 小匙
水	1 大匙
太白粉	1 小匙

色彩繽紛，賞心悅目！

鹽味青椒肉絲

材料（2 人份）

- 豬梅花肉絲⋯⋯ 200 克
- A｜鹽・胡椒⋯⋯各少許
  　料理酒⋯⋯2 小匙
- 太白粉⋯⋯1 小匙
- B｜大蒜（切末）⋯⋯1/2 瓣
  　生薑（切末）⋯⋯1/3 指節長段
  　大蔥（切碎）⋯⋯5 公分
- C｜彩椒（紅・黃・綠切 0.2 公分寬、4 公分長的絲）⋯⋯各 1/3 顆
  　熟竹筍（切 0.2 公分寬、4 公分長的絲）⋯⋯100 克
- 鹽味基底醬⋯⋯全部分量
- 芝麻油⋯⋯2 小匙

製作方法

1. 將豬肉和 **A** 放入碗中拌勻，再裹上太白粉。
2. 在平底鍋中倒入芝麻油，小火加熱後，加入 **B** 炒至香氣出現。
3. 將 **1** 均勻鋪在 **2** 中，大火翻炒約 1 分鐘，再加入 **C** 翻炒 1～2 分鐘。
4. 在 **3** 中加入鹽味基底醬，充分拌炒，讓醬汁包裹食材。

綠咖哩基底醬

適用每 500 克的食材

綠咖哩醬	15 克
魚露	1/2 大匙
料理酒	1 大匙
水	100 毫升
太白粉	1 小匙

難以抗拒的香辣糯米椒與咖哩！

泰式青椒肉絲

材料（2 人份）

- 豬梅花肉絲⋯⋯ 250 克
- A｜魚露⋯⋯1 小匙
  　料理酒⋯⋯2 小匙
- 太白粉⋯⋯1 小匙
- 冬粉（乾燥）⋯⋯50 克
- 生薑（切末）⋯⋯1/3 指節長段
- 糯米椒⋯⋯20 條
- 綠咖哩基底醬⋯⋯全部分量
- 玄米油⋯⋯適量

製作方法

1. 將豬肉和 **A** 放入碗中拌勻，再裹上太白粉。
2. 將冬粉泡溫水約 10 分鐘後，切成 4 公分長段備用。
3. 在平底鍋中加入玄米油、生薑，小火加熱後，將 **1** 均勻鋪入鍋中，翻炒約 2 分鐘，再依序加入糯米椒和 **2** 繼續翻炒。
4. 在 **3** 中加入綠咖哩基底醬，充分拌炒，讓醬汁充分包裹住食材。

炒飯

只要學會鹽味、醬油、醬汁炒飯，
在忙碌的日子裡也能快速出餐。
現在，就一起來學習吧！
炒出粒粒分明炒飯的美味祕訣。

鹽味基底醬

適用每 400 克米飯

醬油	2 小匙
料理酒	1 小匙
雞湯粉	1 小匙

PART 3〔中・韓・南洋風味〕熱炒料理的調味

調味前的烹調祕訣 1
如果使用冷飯，先以水沖洗再瀝乾，可以使米粒分離，炒出粒粒分明的效果。

粒粒分明的美味！
鹽味叉燒炒飯

材料（2 人份）

雞蛋……2 顆
熱米飯……400 克
A｜鹽・胡椒……各適量
　｜蔥花……5 公分
　｜叉燒（切 0.5 公分塊狀）……60 克
鹽味基底醬……全部分量
萵苣（切 0.5 公分小段）……2 片
沙拉油……1 大匙

製作方法

1. 在碗中打入雞蛋並打散。
2. 在鍋中倒入沙拉油，大火熱鍋之後，依序加入 1、米飯，用鍋鏟切拌均勻，並將飯粒攤平在鍋面。
3. 當飯粒上色後，一邊撥鬆飯粒，一邊加入 A，充分翻炒均勻。
4. 將混合好的鹽味基底醬繞鍋邊加入鍋中，再放入萵苣拌炒即可。

調味前的烹調祕訣 2
將蛋液和米飯以切拌的方式拌炒，可以讓油更均勻分布，飯粒不會黏在一起。

漬菜醬油基底醬

適用每 400 克米飯

A
- 高菜漬（或其他醃漬蔬菜）—— 60 克

B
- 醬油 —— 1 小匙
- 料理酒 —— 1 小匙

醬味基底醬

適用每 200 克麵條＋200 克米飯

- 大阪燒醬 —— 4 大匙
- 醬油 —— 1 小匙

配料豐富，滿口香味熱氣！
大阪燒風味炒飯

加入芝麻的多層次香氣！
漬菜醬油炒飯

材料（2 人份）

A
- 生薑（切末）—— 1/3 指節長段
- 青蔥（切蔥花）—— 5 公分
- 白芝麻 —— 1 小匙

熱米飯 —— 400 克
漬菜醬油基底醬 —— 全部分量
芝麻油 —— 1 大匙

製作方法

1. 在平底鍋中倒入芝麻油，小火加熱後，將 A 炒出香氣，再加入米飯、漬菜醬油基底醬 A，用鍋鏟切拌均勻、攤開飯粒，炒至水分蒸發、上色為止。

2. 將混合好的漬菜醬油基底醬 B 繞鍋邊加入，炒勻即可。

材料（2 人份）

青蔥（切蔥花）—— 2.5 公分

A
- 豬肉片（略切細）—— 80 克
- 高麗菜（略切細）—— 3 片
- 中式蒸麵（略切細）—— 1 人份
- 熱米飯 —— 200 克
- 炸麵衣 —— 20 克
- 紅薑絲 —— 10 克
- 柴魚片（粉）—— 1 大匙
- 海苔粉 —— 1 大匙

醬味基底醬 —— 全部分量
沙拉油 —— 1 大匙

製作方法

1. 在平底鍋中倒入沙拉油，開中火加熱後，放入蔥花爆香，一邊拌炒一邊將 A 的食材依序放入鍋中。

2. 將醬味基底醬繞鍋邊倒入 1 鍋中，拌炒均勻即可。

韓式涼拌菜

大受歡迎的韓國經典涼拌小菜，
能夠讓蔬菜變得更美味。
除了用蒜來調味外，
加入醋和薑的清爽風味，
同樣令人回味無窮。

辣味基底醬
適用每 100 克材料

砂糖	1/2 小匙
鹽	少許
粗紅辣椒粉	少許
芝麻油	1 大匙

〔中・韓・南洋風味〕涼拌菜的調味

重點是澈底去除水分！
涼拌胡蘿蔔絲

材料（2 人份）
胡蘿蔔（切絲）…… 1/2 根
A｜白芝麻……1 大匙
　｜大蒜（磨泥）…… 1/2 瓣
辣味基底醬（如上）……全部分量

製作方法

1. 將胡蘿蔔絲用鹽水煮 2～3 分鐘，撈起後鋪開，用扇子搧涼。
2. 在碗中加入 1、A 和辣味基底醬，拌勻即可享用。

調味前的烹調祕訣
胡蘿蔔用鹽水煮過後搧涼、確實去除水分，可以避免出水導致味道變淡，也不易保存。

醋味基底醬

適用每 100 克材料

鹽	少許
醋	2 小匙
胡椒	少許
芝麻油	2 小匙

薑味基底醬

適用每 100 克材料

生薑（磨泥）	1/2 小匙
砂糖	1/2 小匙
醬油	1 小匙
粗紅辣椒粉	1/2 小匙
芝麻油	1 小匙

令人上癮的開胃酸度！
涼拌豆芽菜

材料（2 人份）
黃豆芽菜……100 克
白芝麻……2 大匙
醋味基底醬……全部分量

製作方法
1. 黃豆芽菜快速用鹽水煮約 1 分鐘，撈起後鋪開，用扇子搧涼。
2. 在碗中加入 1、白芝麻、醋味基底醬，拌勻即可。

經典下酒菜！
涼拌小黃瓜

材料（2 人份）
小黃瓜（縱切半，再切 0.3 公分斜片）……1 根
鹽……少許
薑味基底醬……全部分量

製作方法
1. 小黃瓜抹鹽（分量外），靜置 10 分鐘後擠出水分備用。
2. 在碗中加入 1、鹽、薑味基底醬，拌勻即可。

泰式涼拌海鮮冬粉

使用冬粉、蝦、豬肉製作，
泰國的人氣經典料理，
不僅在家也能輕鬆完成。
還可以嘗試獨特的山葵醬油風味！

檸檬基底醬

適用每 300 克材料

萊姆汁	4 小匙
魚露	4 小匙
砂糖	2 小匙
紅辣椒（切圓片）	1/2 根

PART 3〔中‧韓‧異國風味〕涼拌菜的調味

正統風味的泰式冬粉沙拉！
基本款涼拌海鮮冬粉

材料（2 人份）
豬肉片（切小塊）……50 克
綜合海鮮……100 克
鹽……適量
冬粉……60 克
檸檬基底醬……全部分量
A｜紅洋蔥（切薄片）……1/4 顆
　｜西洋芹莖（切薄片）…9 公分
　｜小番茄（切 4 等分）……3 顆
　｜香菜（切 2 公分長）……3 株

製作方法
1. 豬肉和綜合海鮮用鹽水燙熟後撈起，放在濾網上攤開、瀝乾水氣。
2. 冬粉泡溫水約 20 分鐘後，切 10 公分長段，放入沸水中煮約 20 秒，隨即撈起瀝乾。
3. 在碗中放入檸檬基底醬拌勻，將 2 趁熱放入碗中吸收醬汁，再加入 1 和 A 攪拌均勻。

調味前的烹調祕訣
燙熟的豬肉和海鮮攤開放在濾網上讓水氣散去，可以避免料理太濕，醬汁也更好吸收。

花生基底醬

適用每 300 克材料

花生醬	3 大匙
魚露	1 小匙
甜辣醬	1 大匙
醋	1 小匙
味噌	1/2 大匙

山葵醬油基底醬

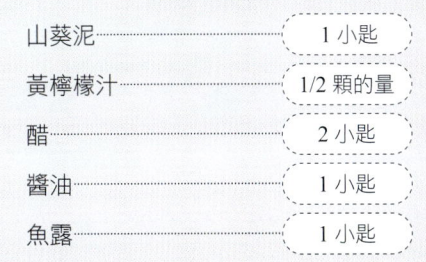

適用每 300 克材料

山葵泥	1 小匙
黃檸檬汁	1/2 顆的量
醋	2 小匙
醬油	1 小匙
魚露	1 小匙

粗略切碎的堅果是絕佳點綴！

堅果風味涼拌海鮮冬粉

山葵的嗆辣讓味道更鮮明！

山葵醬油風味涼拌海鮮冬粉

材料（2 人份）

紅洋蔥（切薄片）……1/4 顆
豬肉片……50 克
綜合海鮮……100 克
冬粉……60 克
花生基底醬……全部分量
A｜甜椒（紅・黃／切薄片）……各 1/8 顆
　｜綜合堅果（切碎）……10 克
香菜（切成 2 公分長）……3 株

製作方法

1 將紅洋蔥泡冷水約 10 分鐘後擦乾。將豬肉和海鮮用鹽水汆燙後，放在濾網上攤開、瀝乾水氣。

2 將冬粉泡溫水約 20 分鐘，切成 10 公分長段後，放入沸水中煮約 20 秒，隨即撈起瀝乾。

3 在碗中放入花生基底醬拌勻，將 **2** 趁熱加入碗中吸收醬汁，再放入 **1** 和 **A** 拌勻。

4 將 **3** 盛盤，最後撒上香菜。

材料（2 人份）

西洋芹菜梗（切薄片）……12 公分
紅洋蔥（切薄片）……1/4 顆
蝦子（去殼）……6 隻
水煮章魚（劃 0.3 公分切紋）……60 克
魷魚（表面劃斜格刀痕，切一口大小）……60 克
冬粉……60 克
山葵醬油基底醬……全部分量
黃檸檬（切薄片）……1/2 顆
薄荷葉……15 片

製作方法

1 將西洋芹和紅洋蔥泡冷水約 10 分鐘後擦乾。蝦子去腸泥，汆燙至捲曲後擦乾。章魚快速汆燙 5 秒後擦乾。魷魚汆燙約 1 分鐘後擦乾。

2 將冬粉浸泡溫水約 20 分鐘軟化，再切成 10 公分長，放入沸水煮約 20 秒後瀝乾。

3 在碗中放入山葵醬油基底醬拌勻，將 **2** 趁熱加入碗中吸收醬汁，再加入 **1** 和檸檬片拌勻。盛盤，撒上薄荷葉即可。

Column

炊飯的 6 種基底醬

醬油基底醬（2 杯米）	南洋基底醬（2 杯米）	鹽昆布基底醬（2 杯米）
醬油……3 大匙 料理酒……1 大匙 味醂……2 大匙 第二次高湯……375 毫升	魚露……2 小匙 砂糖……1 小匙 鹽……1/4 小匙 薄鹽醬油……1 小匙 雞高湯……420 毫升	鹽……1 小匙 料理酒……1 小匙 昆布高湯……430 毫升

蠔油基底醬（2 杯米）	韓式基底醬（2 杯米）	酸梅基底醬（2 杯米）
蠔油……2 大匙 醬油……1 大匙 料理酒……1 大匙 雞高湯……400 毫升	韓式辣椒醬……2 大匙 醬油……1 大匙 第二次高湯……420 毫升 芝麻油……1 小匙	酸梅……4 顆 鹽……1/2 小匙 料理酒……1 大匙 水……約 420 毫升

＊米與水的比例約為 1：1.2。

醬油基底醬 Recipe

炊飯中的經典！

五目炊飯

材料（2 杯米）

米……2 杯
牛蒡（用削皮器削成絲）……1/3 根
A | 雞胸肉（切 1 公分塊狀）……100 克
　| 胡蘿蔔（切絲）……1/3 根
　| 鴻禧菇（用手剝開）……40 克
　| 油豆腐（切絲）……1/2 片
　| 蒟蒻（切絲）……40 克
醬油基底醬……全部分量
山芹菜（略切碎）……依喜好

製作方法

1 將米洗淨，泡水約 10 分鐘後，撈起瀝乾，鋪平在濾網上風乾約 20 分鐘。

2 將牛蒡泡水約 10 分鐘，再擦乾水分。

3 在鍋中放入 1、2、A 和醬油基底醬混合，蓋上鍋蓋，加熱至沸騰後，轉小火煮約 10 分鐘，關火，再燜約 10 分鐘（若使用電子鍋，將 1、配料、醬油基底醬放入飯鍋中，按下煮飯鍵即可）。

4 將 3 盛盤，可依照個人喜好撒上山芹菜享用。

以下食譜的份量是以 2 杯米，加上 300 克食材為基準。
可以用爐火煮，也可以使用電子鍋，
只要將米、食材、基底醬放入內鍋，就能一鍵完成！

南洋基底醬 Recipe

泰式經典風味！

海南雞炊飯

材料（2 杯米）

泰國米……2 杯

A ｜ 雞腿肉……1 片
　｜ 大蒜（壓扁）……2 瓣
　｜ 香菜根……2 根

南洋基底醬……全部分量

B ｜ 紅辣椒（略切碎）……1 根
　｜ 大蒜（切末）……1/3 瓣
　｜ 生薑（切末）……1/10 指節長段
　｜ 辣椒醬……1 小匙
　｜ 砂糖……1 小匙
　｜ 味噌……1 小匙
　｜ 芝麻油……1 小匙

喜歡的蔬菜（紅辣椒、胡蘿蔔、小黃瓜、番茄、香菜葉等）……適量

製作方法

1. 將洗淨的泰國米和南洋基底醬放入鍋中混合，上方擺放 A，再蓋上鍋蓋，開火煮沸後，轉小火煮約 10 分鐘（若使用電子鍋，以同樣方式將食材和南洋基底醬入鍋後，按下煮飯鍵即可）。

2. 將 1 的雞肉取出，切成適當大小後，和 1 的米飯一起盛入碗中，再擺上混合好的 B，搭配自己喜歡的蔬菜享用。

鹽昆布基底醬 Recipe

使用整根玉米製作！

鹽味玉米炊飯

材料（2 杯米）

米……2 杯

玉米（對切，一半連芯切 2 公分寬，另一半切下玉米粒）……1 根

鹽昆布基底醬……全部分量

製作方法

1. 將米洗淨，泡水約 10 分鐘後，撈起瀝乾，鋪平在濾網上風乾約 20 分鐘。

2. 在鍋中加入 1 和剩餘所有材料，煮沸後蓋上鍋蓋，轉小火續煮約 10 分鐘後關火，再燜約 10 分鐘（若使用電子鍋，以同樣方式將食材和鹽昆布基底醬入鍋後，按下煮飯鍵即可）。

麵類的 6 種基底醬

關東風基底醬（2人份）

A｜醬油……3大匙
　｜味醂……3大匙
　｜第一次高湯……240毫升
柴魚片……3克

製作方法
將 A 放入鍋中煮沸，加入柴魚片後轉小火，撈去浮沫。熄火，靜置約 10 分鐘後過濾。

關西風基底醬（2人份）

A｜薄鹽醬油……2大匙
　｜味醂……2大匙
　｜第一次高湯……600毫升
柴魚片……10克

製作方法
將 A 放入鍋中煮沸，加入柴魚片後轉小火，撈去浮沫。熄火，靜置約 5 分鐘後過濾。

味噌基底醬（2人份）

A｜薄鹽醬油……2小匙
　｜味醂……4大匙
　｜第一次高湯……600毫升
B｜柴魚片……5克
　｜味噌……2大匙

製作方法
將 A 放入鍋中煮沸，加入 B 攪拌均勻，撈去浮沫。熄火，靜置約 5 分鐘後過濾。

番茄奶油基底醬（2人份）

A｜大蒜（切末）……1/10瓣
　｜厚切培根（切3公分寬）……60克
　｜蝦子（去殼）……6尾
　｜洋蔥（切粗末）……1/3個
麵粉……1大匙
B｜碎番茄罐頭（水煮）……200克
　｜鹽……1小匙
　｜醬油……1/2大匙
　｜西式雞高湯……400毫升
　｜胡椒……少許
鮮奶油……50毫升
奶油……10克

製作方法
在鍋中放入奶油加熱，用中火邊翻炒邊依序放入 A，加入麵粉翻炒至無粉狀為止，加入 B 煮約 5 分鐘，最後再加鮮奶油煮沸即可。

番茄基底醬（2人份）

番茄……1顆
柴魚片……5克
薄鹽醬油……2大匙
味醂……2大匙
第一次高湯……600毫升

製作方法
將番茄用熱水汆燙去皮後，切成 1 公分大小。柴魚片放入高湯袋中。在鍋中放入所有材料煮約 5 分鐘後，取出高湯袋。

咖哩基底醬（2人份）

A｜薄鹽醬油……1大匙
　｜味醂……1大匙
　｜第二次高湯……400毫升
B｜咖哩塊（切碎）……15克
　｜牛奶……200毫升

製作方法
將 A 放入鍋中煮沸，加入 B 持續攪拌至咖哩塊完全溶解。

關東風基底醬 Recipe

炎熱夏日的清爽選擇！

烏龍冷麵

材料（2人份）
冷凍烏龍麵……2人份
切碎海苔……3克
A｜蔥花……1/8根
　｜白蘿蔔泥……40克
　｜山葵泥……1小匙
關東風基底醬……全部分量

製作方法
1. 將冷凍烏龍麵放入鍋中，按照包裝指示煮熟，再用冷水沖去表面黏液後瀝乾。
2. 把 1 盛盤，撒上切碎海苔。
3. 旁邊擺上 A，沾冰涼的關東風基底醬享用。

接下來要介紹 6 種麵類的基底醬，可以做成沾麵，也能作為湯麵，非常好用！
還不確定味道時，可以先按照食譜試做看看。

番茄奶油基底醬 Recipe

材料（2 人份）
冷凍烏龍麵……2 人份
青花菜（切小朵）……60 克
番茄奶油基底醬……全部分量

製作方法

1. 將冷凍烏龍麵放入鍋中，按照包裝指示煮熟後，取出瀝乾。煮麵的同時也放入青花菜一起煮熟。
2. 將 1 的烏龍麵盛盤，淋上加熱過的番茄奶油基底醬，再放上青花菜即可享用。

濃郁且香醇！
蝦仁培根洋風烏龍麵

關西風基底醬 Recipe

清爽湯頭與鹹甜豆皮的完美搭配！
稻荷烏龍麵

材料（2 人份）
日式豆皮（切成三角形）……1 片
A｜砂糖……2 大匙
　｜醬油……1 大匙
　｜水……200 毫升
冷凍烏龍麵……2 人份
關西風基底醬……全部分量
B｜燙菠菜……50 克
　｜蔥花……1/4 根
辣椒粉……依喜好

製作方法

1. 將日式豆皮快速用鹽水汆燙後，以冷水沖涼，並用手擰乾水分。
2. 把 A 放入鍋中混合後，將 1 擺入鍋中，蓋上一張廚房紙巾。開火煮沸後，轉小火續煮約 12 分鐘，中途翻面，煮至湯汁幾乎收乾。
3. 將冷凍烏龍麵放入另一鍋中，按照包裝指示煮熟，瀝乾後裝入碗中備用。
4. 碗中倒入加熱過的關西風基底醬，放上 2 和 B，可依個人喜好撒辣椒粉享用。

火鍋的 12 種美味湯底

昆布醬油湯底	和風芝麻湯底	豆漿湯底
昆布⋯⋯10 公分塊狀 薄鹽醬油⋯⋯2 大匙 料理酒⋯⋯2 大匙 味醂⋯⋯2 大匙 水⋯⋯800 毫升	白芝麻糊⋯⋯3 大匙 薄鹽醬油⋯⋯2 大匙 料理酒⋯⋯2 大匙 味醂⋯⋯2 大匙 昆布高湯⋯⋯800 毫升	無糖豆漿⋯⋯600 毫升 鹽⋯⋯1 小匙 雞高湯⋯⋯200 毫升 胡椒⋯⋯少許

接下來要介紹 12 種火鍋湯底,食譜量大約可搭配 800 克食材。
冷天時煮滾湯底再加入喜歡的食材,就可以獲得一鍋美味,非常方便!

水炊雞湯底	番茄乾湯底	芝麻奶油味噌湯底
米……1 大匙 薄鹽醬油……2 大匙 料理酒……1 大匙 味醂……1 大匙 雞高湯……800 毫升	番茄乾……10 克 薄鹽醬油……2 大匙 料理酒……1 大匙 第一次高湯……800 毫升	白芝麻粉……1 大匙 薄鹽醬油……2 小匙 料理酒……1 大匙 味噌……2 大匙 第二次高湯……800 毫升 奶油……1 大匙

水炊雞湯底 Recipe

吃不膩的爽口風味!

雞肉丸相撲鍋

材料(2 人份)

蛤蜊……2 個
水炊雞湯底……全部分量
A | 雞絞肉……160 克
　　青蔥(略切碎)……15 克
　　生薑(切末)……1/3 指節長段
　　薄鹽醬油……2 小匙
　　味醂……2 小匙
　　太白粉……1 小匙
B | 大白菜(切 4 公分片)……3 片
　　舞菇……80 克
　　板豆腐(切 3 公分塊狀)
　　……1 塊(300 克)
山茼蒿(切 4 公分長段)……80 克
柚子胡椒……依喜好

製作方法

1 將蛤蜊提前 1 小時泡鹽水吐沙,並在水中將殼互搓洗淨。

2 將水炊雞湯底放入砂鍋中,小火煮至沸騰。

3 在碗中將 A 混合均勻後,以湯匙挖成球狀放入煮沸的 2 中。

4 依序加入 1、B,煮約 3 分鐘後加入山茼蒿煮熟。依喜好搭配柚子胡椒享用即可。

Column | 火鍋的 12 種湯底

杏仁奶雞湯底	韓式辣湯底	牛雞鍋湯底
A｜西式雞高湯⋯⋯200 毫升 B｜杏仁奶⋯⋯600 毫升 　　鹽⋯⋯1 小匙 　　胡椒⋯⋯少許	大蒜（切片）⋯⋯1 瓣 生薑（切片）⋯⋯3 片 韓式辣椒醬⋯⋯3 大匙 料理酒⋯⋯2 大匙 味噌⋯⋯1 大匙 第二次高湯⋯⋯800 毫升 芝麻油⋯⋯1 小匙	大蒜（切片）⋯⋯1 瓣 生薑（切片）⋯⋯2 片 紅辣椒（切圓片）⋯⋯1 小匙 白芝麻粉⋯⋯1 大匙 醬油⋯⋯3 大匙 料理酒⋯⋯1 大匙 味醂⋯⋯1 大匙 雞高湯⋯⋯800 毫升

杏仁奶雞湯底 Recipe

濃郁又有飽足感！

牡蠣蔬菜鍋

材料（2 人份）
馬鈴薯（切 1 公分寬的半月形）⋯⋯2 顆
杏仁奶雞湯底⋯⋯全部分量
A｜球芽甘藍（縱切半）⋯⋯6 顆
　｜香腸（切 1 公分圓片）⋯⋯6 條
　｜蘑菇⋯⋯4 個
　｜鵪鶉蛋（水煮）⋯⋯6 顆
牡蠣⋯⋯6 個

製作方法

1. 把馬鈴薯和杏仁奶雞湯底 A 放入鍋中，小火煮約 15 分鐘。
2. 在 1 中加入杏仁奶雞湯底 B 煮沸，依序加入 A，蓋上鍋蓋煮約 6 分鐘，最後加入牡蠣煮約 2 分鐘即可。

韓式辣味雞湯底	鮮奶油味噌湯底	鹽味昆布湯底
韓式辣椒醬⋯⋯2 大匙 醬油⋯⋯2 大匙 料理酒⋯⋯2 大匙 雞高湯⋯⋯800 毫升	鮮奶油⋯⋯100 毫升 鹽⋯⋯1/3 小匙 味噌⋯⋯2 大匙 西式雞高湯⋯⋯700 毫升 胡椒⋯⋯少許	昆布⋯⋯10 公分塊狀 鹽⋯⋯1/2 大匙 料理酒⋯⋯2 大匙 味醂⋯⋯2 大匙 水⋯⋯800 毫升

韓式辣味雞湯底 Recipe

胃口大開的酸辣感！
韓式泡菜鍋

材料（2 人份）
豬五花肉片（切 4 公分長）⋯⋯150 克
白菜泡菜⋯⋯150 克
韓式辣味雞湯底⋯⋯全部分量
A｜大蔥（切 3 公分斜段）⋯⋯1 根
　｜金針菇（切除根部，再切成一半）⋯⋯100 克
　｜油豆腐（切 1 公分厚的 3 公分方塊）⋯⋯1/2 塊（150 克）
　｜黃豆芽菜⋯⋯60 克
水芹（切 4 公分長段）⋯⋯40 克
芝麻油⋯⋯2 小匙

製作方法

1. 在鍋中倒入芝麻油加熱，放入豬肉片和泡菜，大火炒至香氣出現。
2. 在 1 中加入韓式辣味雞湯底煮沸，再依序加入 A，並蓋上鍋蓋，煮約 3 分鐘後，加入水芹即可。

索引

肉類・肉製品

●牛肉
韓式拌飯⋯68
日式燒肉⋯108
煎牛排⋯128
黑醋炒牛肉⋯135
馬鈴薯燉肉⋯146
咖哩馬鈴薯燉肉⋯147
味噌奶油玉米馬鈴薯燉肉⋯147
基本青椒肉絲⋯172

●雞肉
照燒雞⋯28
四季豆番茄醋拌雞肉⋯38
雞肉甜椒番茄燉菜⋯44
涼拌雞⋯60
雞肉芹菜茄汁辣椒醬炒蛋⋯62
油淋雞⋯66
簡易版歐姆蛋包飯⋯77
鹽漬檸檬燉雞⋯79
清蒸雞肉⋯92
唐揚炸雞⋯118
雞肉筑前煮⋯138
印度烤雞⋯139
黃芥末優格拌蘆筍雞肉⋯155
紅咖哩五穀蔬菜湯⋯165
美式什錦飯風味香料飯⋯167
味噌奶油雞肉炒蔬菜⋯171
五目炊飯⋯180
海南雞炊飯⋯181

●豬肉
豬肉角煮⋯28
豬肉奶油燉菜⋯43
香煎米蘭豬肉排⋯48
糖醋肉⋯56
辣炒南瓜豬肉⋯64
越南生春卷⋯70
越南煎餅⋯70
鹽麴煎豬肉⋯73
番茄豬肉片⋯76
汆燙豬肉片⋯94
炸豬排⋯96
薑燒豬肉⋯116
回鍋肉⋯134
蠔油羊棲菜⋯149
蠔油熱炒蔬菜豬肉⋯170
鹽味青椒肉絲⋯173
泰式青椒肉絲⋯173
大阪燒風味炒飯⋯175
泰式涼拌海鮮冬粉⋯178
堅果風味涼拌海鮮冬粉⋯179
韓式泡菜鍋⋯187

●絞肉
柚香雞肉燥煮蘿蔔⋯32
燉煮漢堡排⋯48
雞肉丸子⋯75
洋蔥漢堡排⋯81
甜椒風味高麗菜捲⋯160
西式雞高湯高麗菜捲⋯161
和風高麗菜捲⋯161
肉醬義大利麵⋯162
味噌肉醬烤茄子⋯163
印度風味咖哩肉醬⋯163
基本的麻婆豆腐⋯168
鹽味麻婆豆腐⋯169
起司麻婆豆腐⋯169
雞肉丸相撲鍋⋯185

●肉製品
茄腸番茄義大利麵⋯44
卡波納拉筆管麵⋯47
西式番茄醬⋯48
馬鈴薯沙拉⋯52
酸辣湯⋯59
芝麻醬拌涼麵⋯60
什錦蔬菜湯⋯83
奶油培根醬汁⋯133
辣味奶油羊棲菜⋯149
經典義式蔬菜湯⋯164
青醬風味義式蔬菜湯⋯165
美式什錦風味香料飯⋯167
咖哩培根炒蔬菜⋯171
鹽味叉燒炒飯⋯174
番茄奶油基底醬（麵類用6種基底醬）⋯182
牡蠣蔬菜鍋⋯186

海鮮類・海鮮加工品

●蛤蜊
白酒蛤蜊醬⋯46
海鮮香料飯⋯167

●竹筴魚
味噌拌生竹筴魚泥⋯87

●魷魚
花枝納豆秋葵⋯30
辣炒魷魚蘆筍⋯68
海鮮八寶菜⋯137
海鮮香料飯⋯167
山葵醬油風味涼拌海鮮冬粉⋯179

●黃雞魚
烤魚⋯120

●蝦・蝦米
乾燒蝦仁⋯62
越南生春卷⋯70
天婦羅⋯110
南洋威士忌醬汁⋯121
海鮮八寶菜⋯137
海鮮香料飯⋯167
山葵醬油風味涼拌海鮮冬粉⋯179
番茄奶油基底醬（麵類用6種基底醬）⋯182

●牡蠣
焗烤牡蠣蛋⋯40
牡蠣蔬菜鍋⋯186

●螃蟹
蟹肉奶油可樂餅⋯42
蟹肉烘蛋⋯58
酸辣湯⋯59

●鰈魚
醬煮鰈魚⋯144
味噌煮鰈魚⋯145
橄欖燉鰈魚⋯145

●鮭魚
法式嫩煎魚排⋯50
鹽麴烤鮭魚⋯72

●竹葉魚板
醋漬涼拌魚板小黃瓜⋯157

●土魠魚
什錦火鍋佐柑橘醬油⋯34

●綜合海鮮
越南煎餅⋯70
泰式海鮮風味醬⋯103
泰式涼拌海鮮冬粉⋯178
堅果風味涼拌海鮮冬粉⋯179

●蜆
八角風味浸煮蜆豆腐⋯151

●鱸魚
嫩煎鱸魚排⋯130

●小魚乾
南蠻味噌小魚乾沙拉醬⋯115

●鯛魚・鱈魚
清蒸魚⋯66
義式鯛魚涼拌冷盤⋯78
鹽烤鱈魚⋯100
奶油醬燉鱈魚⋯136

●章魚
章魚醋拌小黃瓜⋯38
醃泡蔬菜⋯126
山葵醬油風味涼拌海鮮冬粉⋯179

●文蛤
雞肉丸相撲鍋⋯185

●帆立貝幼貝・帆立貝貝柱
帆立貝佐柑橘醬油凍⋯34
帆立貝義式涼拌冷盤⋯98

海鮮八寶菜⋯137

●北寄貝
北寄貝九條蔥佐醋味噌⋯36

●鮪魚
醋漬鮪魚海帶芽⋯36

●明太子
明太子迷迭香沙拉醬⋯113

海藻類

●海藻
海藻青蔥醬汁⋯131

●昆布・鹽昆布
柑橘醬油⋯34
什錦火鍋佐柑橘醬油⋯34
鹽昆布花椒沙拉醬⋯115
昆布柚子醃料⋯123
南蠻風味醃醬⋯123
梅乾昆布醃漬液⋯125
昆布醬油湯底（火鍋的12種湯底）⋯184
鹽味昆布基底⋯187

●羊棲菜
醬煮羊棲菜⋯148
蠔油羊棲菜⋯149
辣味奶油羊棲菜⋯149

●烤海苔
海苔醬油⋯101

●海帶芽
醋漬鮪魚海帶芽⋯36

蔬菜

●青辣椒
青茄汁辣椒醬⋯107
泰式青椒肉絲⋯173

●蘆筍
辣炒魷魚蘆筍⋯68
黃芥末優格拌蘆筍雞肉⋯155
味噌奶油雞肉炒蔬菜⋯171

●毛豆
毛豆番茄風味醬⋯101

●秋葵
花枝納豆秋葵⋯30
涼拌秋葵佐醬油麴⋯74
秋葵魚露醬⋯105

●蕪菁
檸檬涼拌蕪菁葡萄⋯157

●南瓜
辣炒南瓜豬肉⋯64
柚子胡椒浸煮南瓜番茄⋯151

- **花椰菜**
  醃泡蔬菜⋯126

- **高麗菜・紫高麗菜・球芽甘藍**
  涼拌胡蘿蔔高麗菜⋯82
  回鍋肉⋯134
  味噌奶油玉米馬鈴薯燉肉⋯147
  香辣芝麻醬拌高麗菜⋯153
  甜椒風味高麗菜捲⋯160
  西式雞高湯高麗菜捲⋯161
  和風高麗菜捲⋯161
  經典義式蔬菜湯⋯164
  蠔油熱炒蔬菜豬肉⋯170
  咖哩培根炒蔬菜⋯171
  大阪燒風味炒飯⋯175
  牡蠣蔬菜鍋⋯186

- **小黃瓜**
  章魚醋拌小黃瓜⋯38
  馬鈴薯沙拉⋯52
  蔬菜棒佐芥末沙拉⋯54
  芝麻醬拌涼麵⋯60
  韓式醃小黃瓜⋯84
  小黃瓜醋醬⋯95
  生菜沙拉⋯112
  醃漬菜⋯122
  醋漬涼拌魚板小黃瓜⋯157
  韓式涼拌小黃瓜⋯177

- **葉萵苣**
  生菜沙拉⋯112

- **苦瓜**
  苦瓜蘿蔔泥醬⋯111
  蜂蜜高湯浸苦瓜⋯159

- **牛蒡**
  什錦蔬菜湯⋯83
  牛蒡南蠻中華醬⋯101
  雞肉筑前煮⋯138
  醬煮鰈魚⋯144
  五目炊飯⋯180

- **豆莢**
  四季豆番茄醋拌雞肉⋯38
  芝麻醬拌四季豆⋯152

- **紫蘇葉**
  味噌拌生竹莢魚泥⋯87
  梅子紫蘇醬⋯97
  五香辣味醬⋯99
  鹽漬魷魚醬⋯105
  蔥拌納豆甜麵醬⋯107

- **茼蒿**
  雞肉丸相撲鍋⋯185

- **櫛瓜**
  雞肉甜椒番茄燉菜⋯44
  普羅旺斯燉菜辣醬⋯103
  香煎蔬菜⋯132
  印度烤雞⋯139

咖哩馬鈴薯燉肉⋯147
手作美乃滋芝麻醬拌櫛瓜⋯153
紅咖哩五穀蔬菜湯⋯165

- **水芹**
  韓式泡菜鍋⋯187

- **西洋芹**
  蟹肉奶油可樂餅⋯42
  西式番茄醬⋯48
  雞肉芹菜茄汁辣椒醬炒蛋⋯62
  番茄酸豆醬⋯93
  番茄西洋芹醬⋯97
  西芹葉味噌醬⋯101
  肉醬義大利麵⋯162
  經典義式蔬菜湯⋯164
  泰式涼拌海鮮冬粉⋯178
  山葵醬油風味涼拌海鮮冬粉⋯179

- **紫萁**
  韓式拌飯⋯68

- **白蘿蔔・紅皮蘿蔔**
  柚香雞肉燥煮燉煮蘿蔔⋯32
  蔬菜棒佐芥末沙拉⋯54
  蘿蔔泥魚露醬⋯97
  萊姆蘿蔔泥生薑醬⋯101
  苦瓜蘿蔔泥醬⋯111
  醋拌紅白蘿蔔絲⋯156

- **竹筍**
  海鮮八寶菜⋯137
  雞肉筑前煮⋯138
  基本青椒肉絲⋯172
  鹽味青椒肉絲⋯173

- **洋蔥・紅洋蔥**
  蟹肉奶油可樂餅⋯42
  豬肉奶油燉菜⋯43
  義大利番茄醬⋯44
  雞肉甜椒番茄燉菜⋯44
  西式番茄醬⋯48
  燉煮漢堡排⋯48
  糖醋肉⋯56
  越南煎餅⋯70
  番茄豬肉片⋯76
  簡易版歐姆蛋包飯⋯77
  義式鯛魚涼拌冷盤⋯78
  鹽漬檸檬燉雞⋯79
  醋漬洋蔥⋯80
  味噌拌生竹莢魚泥⋯87
  香菇魚露醬⋯93
  醋洋蔥甜麵醬⋯97
  番茄西洋芹醬⋯97
  塞比切檸檬醬⋯99
  普羅旺斯燉菜辣醬⋯103
  奶油蘑菇醬⋯103
  泰式海鮮風味醬⋯103
  菠菜咖哩醬⋯103
  蔥鹽麴醬⋯109

洋蔥薑魚露醬汁⋯117
無花果紅酒醬汁⋯129
藍紋起司醬汁⋯129
甜椒醬汁⋯131
洋蔥奶油醬汁⋯131
奶油培根醬汁⋯133
黑醋炒牛肉⋯135
馬鈴薯燉肉⋯146
咖哩馬鈴薯燉肉⋯147
味噌奶油玉米馬鈴薯燉肉⋯147
蠔油羊棲菜⋯149
紅甜椒基底醬⋯160
甜椒風味高麗菜捲⋯160
西式雞高湯高麗菜捲⋯161
和風高麗菜捲⋯161
肉醬義大利麵⋯162
印度風味咖哩肉醬⋯163
經典義式蔬菜湯⋯164
青醬風味義式蔬菜湯⋯165
紅咖哩五穀蔬菜湯⋯165
洋蔥香料飯⋯166
美式什錦風味香料飯⋯167
海鮮香料飯⋯167
起司麻婆豆腐⋯169
蠔油熱炒蔬菜豬肉⋯170
泰式涼拌海鮮冬粉⋯178
堅果風味涼拌海鮮冬粉⋯179
山葵醬油風味涼拌海鮮冬粉⋯179
番茄奶油基底醬（麵類用6種基底醬）⋯182

- **青江菜**
  青江菜浸煮豆腐⋯32
  海鮮八寶菜⋯137
  八角風味浸煮蜆豆腐⋯151

- **玉米・甜玉米罐・玉米筍**
  糖醋肉⋯56
  涼拌胡蘿蔔高麗菜⋯82
  味噌奶油玉米馬鈴薯燉肉⋯147
  味噌奶油雞肉炒蔬菜⋯171
  鹽味玉米炊飯⋯181

- **番茄・蕃茄罐頭・番茄乾**
  四季豆番茄醋拌雞肉⋯38
  義大利番茄醬⋯44
  西式番茄醬⋯48
  法式嫩煎魚排⋯50
  醃泡橄欖起司⋯54
  芝麻醬拌涼麵⋯60
  香料番茄麴醬⋯76
  義式鯛魚涼拌冷盤⋯78
  番茄酸豆醬⋯93
  番茄西洋芹醬⋯97
  甜椒油醋醬⋯99
  毛豆番茄風味醬⋯101
  小番茄柴魚醬⋯105
  青茄汁辣椒醬⋯107
  芝麻葉番茄醬⋯111

番茄乾檸檬醃料⋯123
香煎蔬菜⋯132
西式基底（不同風格的醬煮魚）⋯145
柚子胡椒浸煮南瓜番茄⋯151
番茄基底（不同風格的肉醬）⋯162
味噌肉醬烤茄子⋯163
咖哩基底（不同風格的肉醬）⋯163
西式雞高湯基底（不同風格的義式蔬菜湯）⋯164
紅咖哩基底（不同風格的義式蔬菜湯）⋯165
肯瓊香料基底（不同風格的香料飯）⋯167
番茄基底（不同風格的香料飯）⋯167
起司基底（不同風格的麻婆豆腐）⋯169
泰式涼拌海鮮冬粉⋯178
番茄奶油基底醬（麵類用6種基底醬）⋯182
番茄基底醬（麵類用6種基底醬）⋯182
番茄乾基底（火鍋的12種湯底）⋯185

- **茄子**
  茄腸番茄義大利麵⋯44
  浸煮茄子⋯150
  味噌肉醬烤茄子⋯163
  印度風味咖哩肉醬⋯163
  紅咖哩五穀蔬菜湯⋯165

- **大蔥・青蔥**
  豬肉角煮⋯28
  什錦火鍋佐柑橘醬油⋯34
  焗烤牡蠣蛋⋯40
  糖醋肉⋯56
  蟹肉烘蛋⋯58
  酸辣湯⋯59
  涼拌雞⋯60
  茄汁辣椒醬⋯62
  乾燒蝦仁⋯62
  萬能五香醬⋯66
  辣炒魷魚蘆筍⋯68
  越南煎餅⋯70
  雞肉丸子⋯75
  什錦蔬菜湯⋯83
  清蒸雞肉⋯92
  芝麻醬⋯93
  香味韓式辣椒醬⋯93
  蔥鹽芝麻醬⋯95
  香菜魚露醬⋯99
  榨菜蔥油醬⋯99
  牛蒡南蠻中華醬⋯101
  醋拌納豆⋯105
  煙燻蘿蔔起司醬⋯107
  青辣椒醬⋯107
  蔥拌納豆甜麵醬⋯107
  蔥鹽麴醬⋯109
  韓式松子沙拉醬⋯115
  中華八角醬汁⋯121

189

海藻青蔥醬汁⋯⋯131
萬能五香醬汁⋯⋯66
麻辣味噌醬⋯⋯134
海鮮八寶菜⋯⋯137
蠔油羊棲菜⋯⋯149
南蠻高湯浸烤蔥舞菇⋯⋯159
味噌肉醬烤茄子⋯⋯163
基本的麻婆豆腐⋯⋯168
鹽味麻婆豆腐⋯⋯169
味噌奶油雞肉炒蔬菜⋯⋯171
基本青椒肉絲⋯⋯172
鹽味青椒肉絲⋯⋯173
鹽味叉燒炒飯⋯⋯174
漬菜醬油炒飯⋯⋯175
大阪燒風味炒飯⋯⋯175
稻荷烏龍麵⋯⋯183
雞肉丸相撲鍋⋯⋯185
韓式泡菜鍋⋯⋯187

●韭菜
越南生春卷⋯⋯70
韭菜醬⋯⋯95
韭菜泡菜醬⋯⋯107

●胡蘿蔔
什錦火鍋佐柑橘醬油⋯⋯34
蟹肉奶油可樂餅⋯⋯42
豬肉奶油燉菜⋯⋯43
西式番茄醬⋯⋯48
馬鈴薯沙拉⋯⋯52
蔬菜棒佐芥末沙拉⋯⋯54
糖醋肉⋯⋯56
蟹肉烘蛋⋯⋯58
鹽漬胡蘿蔔絲⋯⋯82
胡蘿蔔沙拉醬⋯⋯113
醃漬菜⋯⋯122
雞肉筑前煮⋯⋯138
馬鈴薯燉肉⋯⋯146
咖哩馬鈴薯燉肉⋯⋯147
味噌奶油玉米馬鈴薯燉肉⋯⋯147
醬煮羊棲菜⋯⋯148
醋拌紅白蘿蔔絲⋯⋯156
和風高麗菜捲⋯⋯161
肉醬義大利麵⋯⋯162
經典義式蔬菜湯⋯⋯164
蠔油熱炒蔬菜豬肉⋯⋯170
味噌奶油雞肉炒蔬菜⋯⋯171
涼拌胡蘿蔔⋯⋯176
五目炊飯⋯⋯180

●大白菜
什錦火鍋佐柑橘醬油⋯⋯34
清蒸魚⋯⋯66
醃漬菜⋯⋯122
奶油醬燉鱈魚⋯⋯136
雞肉丸相撲鍋⋯⋯185

●甜椒・青椒
雞肉甜椒番茄燉菜⋯⋯44

糖醋肉⋯⋯56
簡易版歐姆蛋包飯⋯⋯77
甜椒油醋醬⋯⋯99
普羅旺斯燉菜辣醬⋯⋯103
甜椒醬汁⋯⋯131
回鍋肉⋯⋯134
黑醋炒牛肉⋯⋯135
印度烤雞⋯⋯139
蠔油羊棲菜⋯⋯149
甜椒基底醬⋯⋯160
印度風味咖哩肉醬⋯⋯163
青醬風味義式蔬菜湯⋯⋯165
紅咖哩五穀蔬菜湯⋯⋯165
美式什錦風味香料飯⋯⋯167
蠔油熱炒蔬菜豬肉⋯⋯170
咖哩培根炒蔬菜⋯⋯171
基本青椒肉絲⋯⋯172
鹽味青椒肉絲⋯⋯173
堅果風味涼拌海鮮冬粉⋯⋯179

●青花菜
焗烤牡蠣蛋⋯⋯40
奶油醬燉鱈魚⋯⋯136
黃芥末醬拌青花菜⋯⋯154
蝦仁培根洋風烏龍麵⋯⋯183

●菠菜
韓式拌飯⋯⋯68
菠菜咖哩醬⋯⋯103
高湯浸菠菜⋯⋯158
稻荷烏龍麵⋯⋯183

●水菜
什錦火鍋佐柑橘醬油⋯⋯34

●豆芽菜
酸辣湯⋯⋯59
芝麻醬拌涼麵⋯⋯60
韓式拌飯⋯⋯68
越南生春卷⋯⋯70
越南煎餅⋯⋯70
蠔油熱炒蔬菜豬肉⋯⋯170
涼拌豆芽菜⋯⋯177
韓式泡菜鍋⋯⋯187

●萵苣
越南生春卷⋯⋯70
鹽味叉燒炒飯⋯⋯174

●蓮藕
黑醋炒牛肉⋯⋯135
黃芥末味噌拌蓮藕⋯⋯155
和風高麗菜捲⋯⋯161

●九條蔥
北寄貝九條蔥佐醋味噌⋯⋯36

菇類

●金針菇
清蒸魚⋯⋯66

奶油醬燉鱈魚⋯⋯136
柚子胡椒浸煮南瓜番茄⋯⋯151
韓式泡菜鍋⋯⋯187

●杏鮑菇
香煎蔬菜⋯⋯132
肉醬義大利麵⋯⋯162

●木耳
蟹肉烘蛋⋯⋯58

●香菇・乾燥香菇
什錦火鍋佐柑橘醬油⋯⋯34
雞肉丸子⋯⋯75
香菇魚露醬⋯⋯93
黑醋炒牛肉⋯⋯135
雞肉筑前煮⋯⋯138
和風高麗菜捲⋯⋯161
味噌肉醬烤茄子⋯⋯163

●鴻禧菇
麻辣豆腐排⋯⋯64
五目炊飯⋯⋯180

●舞菇
青江菜浸煮豆腐⋯⋯32
南蠻高湯浸烤蔥舞菇⋯⋯159
雞肉丸相撲鍋⋯⋯185

●蘑菇
豬肉奶油燉菜⋯⋯43
簡易版歐姆蛋包飯⋯⋯77
奶油蘑菇醬⋯⋯103
辣味奶油羊棲菜⋯⋯149
咖哩培根炒蔬菜⋯⋯171
牡蠣蔬菜鍋⋯⋯186

薯類、芋類

●芋頭
雞肉筑前煮⋯⋯138

●馬鈴薯
豬肉奶油燉菜⋯⋯43
馬鈴薯沙拉⋯⋯52
印度烤雞⋯⋯139
馬鈴薯燉肉⋯⋯146
咖哩馬鈴薯燉肉⋯⋯147
味噌奶油玉米馬鈴薯燉肉⋯⋯147
青醬風味義式蔬菜湯⋯⋯165
味噌奶油雞肉炒蔬菜⋯⋯171
牡蠣蔬菜鍋⋯⋯186

●山藥
照燒雞⋯⋯28
醋漬鮪魚海帶芽⋯⋯36
洋蔥漢堡排⋯⋯81

蛋
醋味噌⋯⋯36

焗烤牡蠣蛋⋯⋯40
卡波納拉醬⋯⋯46
香煎米蘭豬肉排⋯⋯48
燉煮漢堡排⋯⋯48
手作美乃滋⋯⋯52
魔鬼蛋⋯⋯52
蟹肉烘蛋⋯⋯58
酸辣湯⋯⋯59
芝麻醬拌涼麵⋯⋯60
乾燒蝦仁⋯⋯62
雞肉芹菜茄汁辣椒醬炒蛋⋯⋯62
韓式拌飯⋯⋯68
越南生春卷⋯⋯70
雞肉丸子⋯⋯75
簡易版歐姆蛋包飯⋯⋯77
溫泉蛋佐味噌醬⋯⋯86
歐姆蛋⋯⋯102
海鮮八寶菜⋯⋯137
鹽味叉燒炒飯⋯⋯174
牡蠣蔬菜鍋⋯⋯186

蒟蒻・白絲蒟蒻
馬鈴薯燉肉⋯⋯146
五目炊飯⋯⋯180

乳製品

●杏仁奶
杏仁奶雞湯低（火鍋的12種湯底）
⋯⋯186

●牛奶
燉煮漢堡排⋯⋯48
蟹肉烘蛋⋯⋯58
味噌奶油基底醬（不同風格的馬鈴薯燉肉）⋯⋯147
咖哩基底醬（麵類用6種基底醬）

●椰奶
越南煎餅⋯⋯70

●煉乳
奶香番茄醬⋯⋯95

●起司
焗烤牡蠣蛋⋯⋯40
青醬⋯⋯46
卡波納拉醬⋯⋯46
醃泡橄欖起司⋯⋯54
酪梨起司小黃瓜⋯⋯85
煙燻蘿蔔起司醬⋯⋯107
起司沙拉醬⋯⋯115
藍紋起司醬汁⋯⋯129
起司基底醬（不同風格的麻婆豆腐）⋯⋯169

●鮮奶油
焗烤牡蠣蛋⋯⋯40
卡波納拉醬⋯⋯46
奶油蘑菇醬⋯⋯103
藍紋起司醬汁⋯⋯129

洋蔥奶油醬汁……131
奶油培根醬汁……133
奶油醬……136
鮮奶油基底醬（不同風格的醬煮羊棲菜）……149
番茄奶油基底醬（麵類用6種基底醬）……182
鮮奶油味噌湯底（火鍋的12種湯底）……187

● 花生醬
東南亞風味噌醬……107
花生醬基底……179

● 原味優格
葡萄乾咖哩優格醬……97
菠菜咖哩醬……103
優格咖哩醬汁……139
黃芥末醬優格基底醬……155

豆類・豆類加工品

● 油炸豆皮
醬煮羊棲菜……148
五目炊飯……180
稻荷烏龍麵……183

● 凍豆腐
青江菜浸煮豆腐……32

● 豆漿
豆漿湯底（火鍋的12種湯底）……184

● 豆腐・油豆腐
高湯冷豆腐……30
什錦火鍋佐柑橘醬油……34
酸辣湯……59
麻辣豆腐排……64
沖繩風豆腐拌小黃瓜……84
日式冷豆腐……104
烤油豆腐……106
八角風味浸煮蜆豆腐……151
基本的麻婆豆腐……168
鹽味麻婆豆腐……169
起司麻婆豆腐……169
雞肉丸相撲鍋……185
韓式泡菜鍋……187

● 納豆
花枝納豆秋葵……30
醋漬洋蔥納豆……80
醋拌納豆醬……105
蔥拌納豆甜麵醬……107

● 冬粉
酸辣湯……59
越南生春卷……70
泰式青椒肉絲……173
泰式涼拌海鮮冬粉……178
堅果風味涼拌海鮮冬粉……179
山葵醬油風味涼拌海鮮冬粉……179

● 綜合豆
越南煎餅……70

水果類・水果加工品

● 酪梨
酪梨起司小黃瓜……85

● 橄欖
青醬螺旋麵……46
魔鬼蛋……52
醃泡橄欖起司……54
鹽漬檸檬燉雞……79
黑橄欖蒜醬……101
鹽漬檸檬橄欖醬……105
西式基底醬（不同風格的醬煮魚）……145
番茄基底醬（不同風格的香料飯）……167

● 奇異果
奇異果醃泡液……127

● 葡萄柚
異國風葡萄柚醃泡液……127

● 果醬
果香酸甜烤肉醬……107

● 水果乾
葡萄乾咖哩優格醬……97
無花果紅酒醬汁……129
甜椒風味高麗菜捲……160
咖哩基底醬（不同風格的肉醬）……163

● 八角
中華八角醬汁……121
中式薑味醋漬液……125
八角基底醬（不同風格的浸煮料理）……151

● 麝香葡萄
檸檬涼拌蕪菁葡萄……157

● 柚子・柚子皮
柚子醬汁……121
昆布柚子醃料……123

● 蘋果
蘋果醬……95
蘿蔔泥魚露醬……97
蔥鹽麴醬……109
生薑蘋果醬汁……117

● 萊姆・萊姆的皮
塞比切檸檬醬……99
山葵醬油基底醬（泰式涼拌海鮮冬粉調味變化）……179
萊姆蘿蔔泥生薑醬……101

● 檸檬・檸檬的皮
鹽漬檸檬……78
鹽漬檸檬橄欖醬……105
柚子胡椒泰式沙拉醬……113

明太子迷迭香沙拉醬……113
香草鹽醬汁……121
番茄乾檸檬醃料……123

堅果類

● 核桃
核桃味噌醬……93

● 松子
韓式松子沙拉醬……115
孜然蠔油醬汁……133

● 綜合堅果
青醬……46
堅果風味涼拌海鮮冬粉……179

香草類

● 香菜
越南生春卷……70
泰式甜辣醬……95
香菜魚露醬……99
薑燒豬肉……116
烤魚……120
南洋威士忌醬汁……121
南洋醃漬液……125
泰式涼拌海鮮冬粉……178
海南雞炊飯……181

● 巴西里
番茄酸豆醬……93
香草檸檬奶油……129
海鮮香料飯……167

● 羅勒
青醬……46
香草鹽醬汁……121

● 芝麻葉
韓式芝麻葉醬……105
芝麻葉番茄醬……111

漬物類

● 鯷魚
黑橄欖蒜醬……101
鯷魚沙拉醬……115
鯷魚奶油醬汁……133

● 醃漬魷魚
鹽漬魷魚醬……105
鹽漬魷魚沙拉醬……113

● 燻製白蘿蔔
煙燻蘿蔔起司醬……107

● 酸梅（梅乾）
梅子紫蘇醬……97
韓式梅肉辣椒沙拉醬……113
梅乾昆布醃漬液……125
酸梅基底醬……180

● 白菜泡菜
韭菜泡菜醬……107

韓式泡菜鍋……187

● 榨菜
榨菜蔥油醬……99
榨菜甜麵醬……111

● 醃漬櫻花葉
櫻葉山葵醬油醃泡液……127

● 漬菜
漬菜醬油炒飯……175

● 醃菜
醃菜美乃滋醬……93
甜椒油醋醬……99
黑橄欖蒜醬……101

穀類・粉類

● 米飯・米・泰國米・米紙・米粉・什穀米
韓式拌飯……68
越南生春卷……70
越南煎餅……70
簡易版歐姆蛋包飯……77
什錦蔬菜湯……83
紅咖哩五穀蔬菜湯……165
洋蔥香料飯……166
美式什錦風味香料飯……167
海鮮香料飯……167
鹽味叉燒炒飯……174
漬菜醬油炒飯……175
大阪燒風味炒飯……175
五目炊飯……180
海南雞炊飯……181
鹽味玉米炊飯……181
水炊雞湯底（火鍋的12種湯底）……185

● 乾燥米麴
自製鹽麴……72
醬油麴……74
香料番茄麴醬……76
甘麴……87

● 烏龍麵
烏龍冷麵……182
蝦仁培根洋風烏龍麵……183
稻荷烏龍麵……183

● 中華蒸煮麵
芝麻醬拌涼麵……60
大阪燒風味炒飯……175

● 義大利麵
茄腸番茄義大利麵……44
青醬螺旋麵……46
卡波納拉筆管麵……47
白酒蛤蜊義大利麵……47
肉醬義大利麵……162
經典義式蔬菜湯……164

● 米粉
蠔油煮羊棲菜……149

191

台灣廣廈 國際出版集團 Taiwan Mansion International Group

國家圖書館出版品預行編目（CIP）資料

調好醬全配方！上好菜超簡單：料理研究家的淋拌炒蘸醃煮醬
486種 / 川上文代作. -- 初版. -- 新北市：台灣廣廈，2024.12
192面；19×26公分
ISBN 978-986-130-644-5（平裝）
1.CST: 調味品 2.CST: 食譜

427.61   113015966

台灣廣廈

調好醬全配方！上好菜超簡單
料理研究家的淋拌炒蘸醃煮醬486種

作　　　者／川上文代	編輯中心執行副總編／蔡沐晨・**編輯**／陳宜鈴
譯　　　者／彭琬婷	封面設計／何偉凱・**內頁排版**／菩薩蠻數位文化有限公司
	製版・印刷・裝訂／皇甫・秉成

【原書編輯團隊】
攝　　　影／吉田篤史　　　　　　　封 面 設 計／三木俊一（文京圖案室）
造　　　型／ダンノマリコ　　　　　烹 飪 助 理／水谷順子、佐藤繪理
內 文 設 計／三木俊一、髙見朋子、　編輯合作・撰稿合作／丸山みき（SORA企劃）
　　　　　　西田寧寧（文京圖案室）編 輯 助 理／岩間杏、岩本明子（SORA企劃）
　　　　　　　　　　　　　　　　　攝 影 協 助／UTUWA

行企研發中心總監／陳冠蒨　　　　　線上學習中心總監／陳冠蒨
媒體公關組／陳柔彣　　　　　　　　企製開發組／江季珊、張哲剛
綜合業務組／何欣穎

發 行 人／江媛珍
法 律 顧 問／第一國際法律事務所 余淑杏律師・北辰著作權事務所 蕭雄淋律師
出　　　版／台灣廣廈
發　　　行／台灣廣廈有聲圖書有限公司
　　　　　　地址：新北市235中和區中山路二段359巷7號2樓
　　　　　　電話：（886）2-2225-5777・傳真：（886）2-2225-8052

代理印務・全球總經銷／知遠文化事業有限公司
　　　　　　地址：新北市222深坑區北深路三段155巷25號5樓
　　　　　　電話：（886）2-2664-8800・傳真：（886）2-2664-8801
郵 政 劃 撥／劃撥帳號：18836722
　　　　　　劃撥戶名：知遠文化事業有限公司（※單次購書金額未達1000元，請另付70元郵資。）

■出版日期：2024年12月　　　ISBN：978-986-130-644-5
　　　　　　　　　　　　　　版權所有，未經同意不得重製、轉載、翻印。

ISSYO TSUKAERU ! AJITSUKE DAIJITEN
Copyright © 2022 by Fumiyo KAWAKAMI
All rights reserved.
First published in Japan in 2022 by IKEDA Publishing Co.,Ltd.
Traditional Chinese translation rights arranged with PHP Institute, Inc.
through Keio Cultural Enterprise Co., Ltd.